能力向上教育用テキスト

特定化学物質
作業主任者の実務

中央労働災害防止協会

序

近年の技術革新の影響もあって，現在，化学物質の数は数万種にのぼります。化学物質は，化学工業をはじめとする製造業だけでなく他の各種の産業界においても多く利用されており，さらに，日常生活のさまざまな場面においても医薬品，洗剤，燃料，プラスチックなどさまざまな形となって私たちの社会生活を支えています。

このように化学物質は，産業の発展や豊かな生活の実現に大きく貢献し，現代の快適な生活に欠くことのできないものとなっている反面，危険性や有害性を持つものも多く，その取扱いや管理を誤ると重大な災害を招くことになります。

国（厚生労働省）は，化学物質による労働者のがん，皮膚炎，神経障害その他の健康障害を予防するため，一定の化学物質について，特定化学物質障害予防規則により製造や取扱い等に関し規制を行っています。その中で選任することが義務付けられている特定化学物質作業主任者は，労働者が特定化学物質により汚染されることがないように，作業方法を決定し，労働者を指揮するなど大変重要な職務を担うこととされています。

また，労働災害の動向，技術革新の進展など，社会経済情勢の変化に対応しつつ安全衛生水準の向上を図るためには，特定化学物質作業主任者などの労働災害防止のための業務に従事する人々が研鑽を積みその能力を向上させていくことが重要であり，国はそのための能力向上教育に関する指針を定めています。

令和４年には労働安全衛生規則や特化則などの労働安全衛生関係法令が改正され，リスクアセスメントの実施が義務づけられている危険・有害物質について，リスクアセスメントの結果に基づき事業者自ら選択した対策を実施する制度（化学物質の自律的な管理）が導入され，令和６年４月１日までにすべての改正条項が施行されました。

本書は，この「労働災害の防止のための業務に従事する者に対する能力向上教育に関する指針」（平成18年能力向上教育指針公示第５号）に基づき特定化学物質作業主任者の能力向上教育を実施する際のテキストとして利用されるように作成したもので，最近の関係法令の改正，化学物質等をめぐる動向などを踏まえ，必要な改訂を行いました。

本書が広く活用され，関係者の方々による化学物質対策の一層の充実が図られることを期待しています。

令和６年９月

中央労働災害防止協会

特定化学物質作業主任者能力向上教育（定期又は随時）カリキュラム

科　　目	範　　囲	時間
1　作業環境管理	(1)　作業環境管理の進め方 (2)　作業環境測定，評価及びその結果に基づく措置 (3)　局所排気装置，除じん装置等の設置及びその維持管理	2.0
2　作業管理	(1)　作業管理の進め方 (2)　労働衛生保護具 (3)　緊急時の措置	1.0
3　健康管理	(1)　特定化学物質による健康障害の症状 (2)　健康診断及び事後措置	1.0
4　事例研究及び関係法令	(1)　作業標準等の作成 (2)　災害事例とその防止対策 (3)　特定化学物質に係る労働衛生関係法令	3.0
計		7.0

「労働災害の防止のための業務に従事する者に対する能力向上教育に関する指針」
（平成元年５月22日付け能力向上教育指針公示第１号，最終改正 平成18年３月31日付け同指針公示第５号）

目　次

第１章　特定化学物質による健康障害防止の基本

第２章　作業環境管理

第３章 作業管理

第４章 健康管理

第５章　今後における化学物質対策と作業主任者の役割

第６章　災害事例および関係法令

第７章　特別有機溶剤等に関する規制

第１章

特定化学物質による健康障害防止の基本

本章のねらい

労働衛生管理の進め方について復習するとともに，化学物質のばく露と健康障害の関係，リスクアセスメントなどについて学びます。

１－１　労働衛生管理の進め方

⑴　労働衛生管理の考え方

労働衛生管理の目的はさまざまな有害因子から労働者の健康を守ることであり，このためにいろいろな施策が必要である。その第一は作業環境管理，第二は作業管理，第三は健康管理である。有機的にこれらの連携を図ることによって，労働者の健康を守ることができる。

作業環境管理とは，作業環境に起因する労働者の健康障害を防止するために作業環境を適正に管理することである。作業環境中の有害物質の濃度が高ければ労働者への健康影響が問題となる。有害物質に起因する健康障害を防止するためには，健康障害の原因となる有害物質へのばく露を低減させる必要があり，そのためには作業環境測定により，作業環境の有害性レベルを定期的に測定して環境の実態を把握し，評価し，必要な場合はすみやかに局所排気装置など各種設備の改善や点検，整備などの衛生工学的な対策を行い，有害物へのばく露を低減させる作業環境管理の方法が効果的である。

有害物質の労働者に及ぼす影響は，作業内容や作業方法等によっても異なる。作業管理とは，労働者の健康障害を防止するために，作業内容や作業方法等を適正に管理することである。作業管理には，作業条件の管理，有害作業の管理，保護具の使用状況の管理などが含まれ，作業強度，作業密度，作業時間，作業姿勢などの広い範囲にわたっている。作業内容や作業方法を適正に管理するには，作業の実態を把握し，作業実態を調査・分析することにより，作業内容，作業方法，作業姿勢等を評価し，作業の標準化，労働者の教育・訓練・動機付け，作業方法の改善を行うとともに，必要な労働衛生保護具の選定・教育による作業管理の方法が重要である。なお，近年では，作業管理に個人ばく露濃度測定を活用することも行われている。

健康管理は，健康診断，健康測定を通じて労働者の健康状態を把握し，作業環境や作業との関連を検討することにより，健康診断およびその結果に基づく事後措置等による労働者の健康障害の発生防止および増悪防止，健康測定およびその結果に基づく健康指導による健康確保を目的としている。労働者の健康を良好に維持管理するには，作業環境管理や作業管理の徹底が求められることから，作業環境管理，作業管理との連帯が重要とされる。

さて，労働衛生管理の中で労働衛生３管理はその中核となるものであるので，総合的に労働衛生対策を効果的に進めるためには，PDCA サイクルにより，スパイラルアップしていく必要がある。継続的な３管理の取組みが求められるのは，装置の老朽化，新しい機器の設置，生産工程の変更，原材料の変更，装置運転条件の変更，作業者の交代などにより作業環境は絶えず変動し，また作業者の健康状態は決して一定したものではなく，さまざまな要因により変動するためである。

留意事項

作業環境は，作業環境測定結果によって評価されるが，測定の目的は，定常的なあるいは通常の作業条件下における気中有害物質の状態を把握し，それに基づいて作業環境改善のための適切な措置を取ることである。したがって，測定にあたっては，定常作業時に行うことが重要であり，特別な条件下での測定にならないようにする必要がある。

定期的に行われる作業環境測定などの結果を利用し，作業環境の状態を把握しておくことは言うまでもないが，日々，作業状況に異常がないかを観察していることが重要である。

作業環境測定結果では，職場の環境が良好であっても個人的にはばく露濃度が高く健康障害を起こすこともあり得る。このような場合には作業状況の把握や，さらに職場以外での生活状況の把握まで必要になる場合もある。

また低濃度ばく露であっても健康状態がすぐれていないと有害物による影響を受けやすい。作業環境管理は一般的な事項，つまり労働者全体に関わるものとして，健康管理は個々の作業者に関わるものとして認識することが必要である。

作業主任者は作業環境や作業方法に常に注意を払い，作業環境測定結果等の情報を十分に活用し，作業者が有害物のばく露を受けないように努めなければならない。

◆学習の確認◆

労働衛生管理における3管理とは何ですか？

(2)　健康影響

ア　特定化学物質の吸収経路

労働の場における特定化学物質の主な吸収経路は，ガス，粒子状物質の経肺吸収と皮膚接触による経皮吸収である。粒子状物質では，比較的太い気管に沈着した粒子が繊毛運動により喉頭に運ばれ，それを飲み込むことによる経消化管吸収が無視できない場合がある。吸収された特定化学物質は，血液により臓器に運搬され，代謝・蓄積等の過程を経て，呼気，尿，胆汁，糞（ふん）等に排泄（せつ）される（図1－1参照）。

イ　吸収量と健康影響

いわゆる「有害物質」によって発生する人体への影響には，健康にとって悪いとはいえないレベルの影響（たとえば，風呂上がりにビールを一杯飲んで気分が爽快になるという影響）もあれば「死亡」というような重度の影響もある。どの程度の影響が発生するかは，有害物質の吸収量によって決まる。

図1－2(a)は，横軸を吸収量，縦軸を影響の強さとし，吸収量が多くなるにつれて影響の強さが強くなることを示す曲線である。「健康に悪い」影響のレベルを図1－2(a)の点線より強い影響とすると，それが発生する最小吸収量Dよ

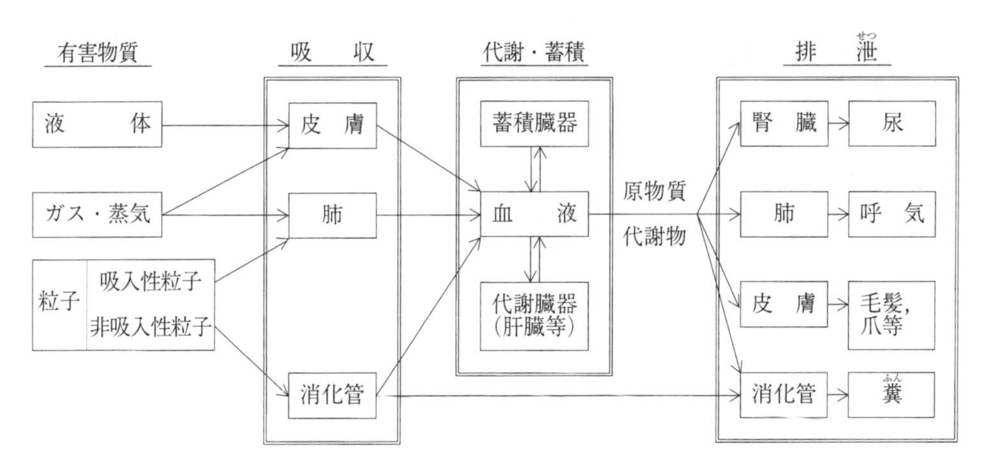

図1－1　有害物質の吸収，代謝・蓄積，排泄（せつ）

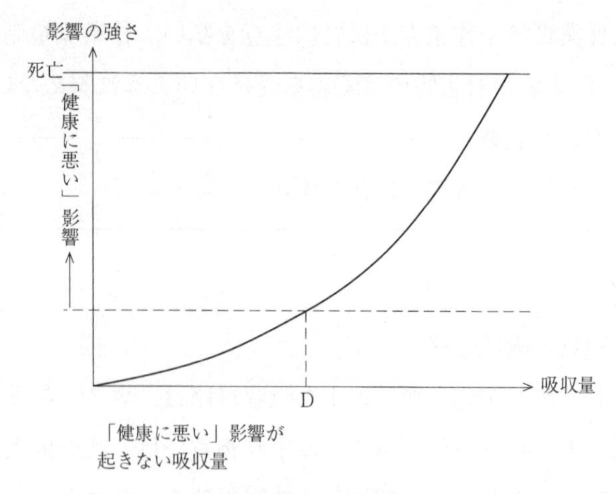

図１－２(a)　吸収量と影響の強さの関係

り少ない量であれば，たとえ吸収したとしても健康に悪い影響は起きない。つまり，どんな「有害物質」であっても，吸収量さえ一定量以下に制御できれば，健康障害を起こすことはない。

ウ　ばく露限界

ヒトを含む高等動物では，同じ量が吸収されても個体により出現する健康影響の強さは同一ではない。これは，個体間でバラツキがあることを示しており，「個体差」や「体質」という言葉で表現される。

図１－２(b)の曲線 b を平均的な個体とすれば，曲線 a は当該物質に「弱い個体」，曲線 c は「強い個体」である。「弱い個体」では吸収量が Da 以上で「健康に悪い」影響が起きるが，「強い個体」では Dc 以上にならないと「健康に悪い」

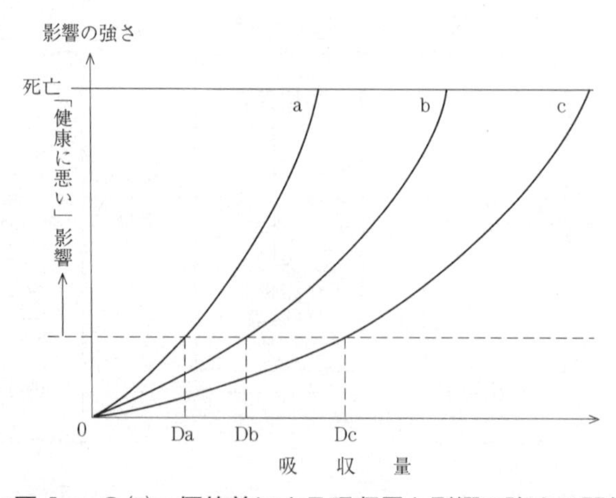

図１－２(b)　個体差による吸収量と影響の強さの関係

影響が起きない。

飲酒を例にとれば，酒に弱いヒトの曲線はa，強いヒトは曲線c，ほどほどのヒトは曲線bということになる。同じ作業場で同じ濃度の有害物質にばく露していても，「健康に悪い」影響を起こす人と起こさない人がいる理由の一部はこのような個体差で説明できる。

このように，有害物質等にばく露されることによる健康影響の発生には，個体差があるとしても，化学物質等による健康影響発生を防ぐため，ばく露限界を明示することは労働衛生管理上重要である。

各国においては，このばく露限界を許容濃度，いき値等の名称で公表してきたが，1977年第63回ILO総会で採択された「空気汚染，騒音及び振動に起因する作業環境における職業性の危害からの労働者の保護に関する条約（第148号）」および「同勧告（第156号）」において，これらの概念を包括して「ばく露限界」として，各国の権限のある機関は明示すべきであるとしている。また，1990年に採択された「職場における化学物質の使用の安全に関する条約（第170号）」および「同勧告（第177号）」においては，労働者をばく露限界を超えて有害物にさらしてはならないとしている。労働の場におけるばく露限界は，日本，米国，ドイツ等でほぼ同様の考え方で決定されている。

すなわち，①1日8時間1週間40時間以下，②「中程度以下」の労働負荷で働く労働者を対象とした場合，比較的当該有害物質に弱い人でも，「健康に悪い」影響が起きないと考えられる濃度として設定されている。大部分の労働者ではばく露限界以下のばく露レベルであれば「健康に悪い」影響を起こさないが，当該有害物質に非常に弱い労働者では「健康に悪い」影響が発生する可能性がある。したがって，ばく露限界は健康に対する安全と危険の境界値ではなく，また，労働の場以外で適用されるべきものでもない。

1－2　がん原性指針

がんその他の重度の健康障害を労働者に生じるおそれのある化学物質で厚生労働大臣が定めるものを製造し，または取り扱う事業者が，当該化学物質による労働者の健康障害を防止するために，「労働安全衛生法第28条第3項の規定に基づき厚生労働大臣が定める化学物質による健康障害を防止するための指針」（平成24.10.10健康障害を防止するための指針公示第23号，以下「がん原性指針」という。）が公

表１－１　がん原性指針の対象の特定化学物質

物　　質　　名	CAS No.
エチルベンゼン	100-41-4
クロロホルム	67-66-3
四塩化炭素	56-23-5
1,4-ジオキサン	123-91-1
1,2-ジクロロエタン	107-06-2
1,2-ジクロロプロパン	78-87-5
ジクロロメタン	75-09-2
ジメチル-2,2-ジクロロビニルホスフェイト	62-73-7
スチレン	100-42-5
1,1,2,2-テトラクロロエタン	79-34-5
テトラクロロエチレン	127-18-4
トリクロロエチレン	79-01-6
パラ-ニトロクロロベンゼン	100-00-5
メチルイソブチルケトン	108-10-1

表されている。

特定化学物質予防規則（以下「特化則」という。）により，発がん性に着目した健康障害防止措置が義務付けられている**表１－１**に示した物質について，法令により規制対象とされなかった一部の業務は，がん原性指針の対象とされているので，留意する必要がある。

特化則とがん原性指針との関係は，**図１－３**のとおりである。

特化則対象業務については，特化則にしたがって労働衛生管理を行えばよい。がん原性指針対象業務については，①対象物質へのばく露を低減させるための措置，②屋内作業場では，定期的な作業環境測定の実施，③労働衛生教育の実施，④労働者の把握が必要である。②の作業環境測定の結果の記録と評価結果の記録および④の労働者の把握の記録は，30年間保存するように努めることが示されている。

また，令和5年4月よりリスクアセスメント対象物（労働安全衛生法（以下「安衛法」という。）第57条の３第１項の規定に基づき行う「第57条第１項の政令で定める物および通知対象物」）のうち，厚生労働大臣が定める「がん原性物質」については，業務に従事する労働者の作業記録等を30年間保存することが義務付けられた。特別管理物質については，重複管理となることから除外されており，従前どおり特

○パラ－ニトロクロロベンゼン

含有量	製造・取扱い業務
5％超	特化則対象
1％超	指針対象
1％以下	—

○ジメチル-2,2-ジクロロビニルホスフェイト

含有量	成形・加工または包装の業務	成形，加工または包装の業務以外の業務
1％超え	特化則対象	指針対象
1％以下	—	—

○クロロホルムほか9物質[※1]，エチルベンゼンおよび1,2-ジクロロプロパン（特別有機溶剤）

単一成分の含有量	特別有機溶剤または有機溶剤の含有量の合計	特別有機溶剤業務（※2）	特別有機溶剤業務以外の業務
1％超	5％超	特化則対象	指針対象
	5％以下		
1％以下	5％超	一部有機則対象	—
	5％以下	—	—

※1　クロロホルムほか9物質とは，クロロホルム，四塩化炭素，1,4- ジオキサン，1,2- ジクロロエタン，ジクロロメタン，スチレン，1,1,2,2- テトラクロロエタン、テトラクロロエチレン，トリクロロエチレン及びメチルイソブチルケトンを指します。

※2　特別有機溶剤業務とは,「クロロホルムほか9物質」「クロロホルムほか9物質の含有物」を用いて屋内作業場等において行う有機溶剤業務，エチルベンゼン塗装業務および 1,2- ジクロロプロパン洗浄・払拭業務をいいます。（→特化則第2条の2第1号）

図1－3　特化則とがん原性指針との関係

化則に定める管理が求められている。（安衛則第 577 条の 2 第 3 項）

1－3　化学物質リスクアセスメントとリスク低減措置

化学物質による健康障害の防止を図るためには，特化則等に定められたばく露防止対策等を実施するだけでなく，安衛法第 28 条の 2 による「危険性又は有害性等の調査等に関する指針」（リスクアセスメント指針）（注1），化学物質等に関する詳細事項を定めた「化学物質等による危険性又は有害性等の調査等に関する指針」（化学物質リスクアセスメント指針）（注2），さらに，濃度基準値が定められたリスクアセスメント対象物について技術的な指針を示した「化学物質による健康障害防止の

（注1）　危険性又は有害性等の調査等に関する指針（平成 18. 3.10 危険性又は有害性等の調査等に関する指針公示第 1 号）

（注2）　化学物質等による危険性又は有害性等の調査等に関する指針（平成 27. 9.18 危険性又は有害性等の調査等に関する指針公示第 3 号，最終改正令和 5 年 4 月 27 日危険性又は有害性等の調査等に関する指針公示第 4 号）

ための濃度の基準の適用等に関する技術上の指針」(技術上の指針)[注3]等に基づき，化学物質等の危険・有害要因を特定し，それぞれのリスクを評価し，これに基づいてリスクの低減措置を実施していく化学物質管理の徹底が必要である。

このリスクアセスメントは，同条により，すべての化学物質について実施するよう努力義務が課せられてきたが，2014年6月25日公布の「労働安全衛生法の一部を改正する法律」（平成26年法律第82号）により，通知対象物については，このリスクアセスメントの実施が義務化された（安衛法第57条の3関係)。

また，令和6年4月には新たに234物質が施行され，その後も国が実施するGHS分類で新たに危険性や有害性が確認されれば，追加される予定である。(安衛法第57条の3関係，労働安全衛生法の一部を改正する法律（令和4年厚生労働省令第91号))

なお，安衛法第28条の2のリスクアセスメントは，作業行動その他業務に起因する危険性又は有害性等を対象としており，その化学物質のリスクアセスメントについては安衛法第57条第1項の政令で定める物および安衛法第57条の2第1項に規定する通知対象物を除く，化学物質，化学物質を含有する製剤その他の物で労働者の危険又は健康障害を生ずるおそれのあるものについて，努力義務で「化学物質等による危険性又は有害性の調査等に係る指針[注2]」に従ったリスクアセスメントを求めるものである。なお,リスクアセスメント対象物のリスクアセスメントは,業種や事業場規模にかかわらず，すべての事業場を対象としている。また，リスクアセスメント対象物に含まれない物質については，労働者の健康障害を防止するためにばく露される程度を最小限に抑える努力義務が課せられている。以下，安衛法第57条の3の化学物質リスクアセスメントについて解説する。

(1)　実施体制・実施時期等

化学物質リスクアセスメント（以下「リスクアセスメント」という。）は，全社的な実施体制のもとで推進しなければならないが，技術的な事項については，適切な能力を有する化学物質管理者等により実施することとなる。

また，リスクアセスメントの実施時期は「リスクアセスメント対象物を原材料として新規に採用し，または変更するとき」,「リスクアセスメント対象物を製造し，または取り扱う業務に係る作業の方法または手順を新規に採用し，または変更する

(注3)　化学物質による健康障害防止のための濃度の基準の適用等に関する技術上の指針（令和5年4月27日技術上の指針公示第24号（令和6年5月8日一部改正))

とき」のほかに，安全データシート（以下「SDS」という。）の危険性または有害性等に係る情報が変更されたとき，濃度基準値が新たに設定された場合，当該値が変更された場合，などリスクに変化が生じ，または生ずるおそれのあるときに実施する必要がある。

また，リスクアセスメント対象物に係る労働災害の発生した場合であって，過去のリスクアセスメントの内容に問題がある場合や，前回のリスクアセスメント等から一定の期間が経過し，リスクアセスメント対象物に係る機械設備等の経年による劣化，労働者の入れ替わり等に伴う労働者の安全衛生に係る知識経験の変化，新たな安全衛生に係る知見の集積等があった場合，これまで製造し，または取り扱っていた物質がリスクアセスメントの対象物として新たに追加された場合など，当該リスクアセスメント対象物を製造し，または取り扱う業務について過去にリスクアセスメント等を実施したことがない場合，などもリスクアセスメントを実施することが望ましい。

化学物質に係る既存の設備等やすでに採用されている作業方法等についても，計画的にリスクアセスメントを実施し，職場にあるリスクを継続的に除去・低減していくことが必要である。

⑵　対象の選択と情報の入手

リスクアセスメントは，リスクアセスメント対象物を製造し，または取り扱う業務ごとに行う。

リスクアセスメントの実施にあたり，定常，非定常作業について入手する必要がある情報としては，SDSなど当該化学物質の危険性または有害性に関する情報，作業標準・作業手順等機械設備に関する情報など当該作業を実施する状況に関する情報，作業環境測定結果，特殊健康診断結果，生物学的モニタリング結果，個人ばく露濃度の測定結果，災害事例，災害統計等，混在作業に係る情報など周辺環境に関する情報などがある。また，新たなリスクアセスメント対象物の提供等を受ける場合には，当該リスクアセスメント対象物を譲渡し，または提供する者から，該当するSDSを入手することが必要である。

⑶　危険性または有害性の特定

リスクアセスメントの対象となる業務を洗い出した上で，国連勧告として公表された「化学物質の分類および表示に関する世界調和システム」（以下「GHS」という。）に基づくJIS Z 7252「GHSに基づく化学品の分類方法」およびJIS Z 7253「GHSに基づく化学品の危険有害性情報の伝達方法－ラベル，作業場内の表示及び安全データシート（SDS)」に従って作成されたSDSに記載されている危険性または有害性（SDSの２項に記載されているGHS分類結果）または日本産業衛生学会の許容濃度，米国産業衛生専門家会議（ACGIH）のTLV-TWA等の化学物質のばく露限界が設定されている場合はその値（SDSの８項に記載されているばく露限界値；JISの記載必須項目でないので，記載漏れや更新漏れで古い場合があるので注意が必要）に基づいて危険性または有害性を特定する。

⑷　リスクの見積り

リスク低減の優先度を決定するため，リスクは「化学物質が労働者に及ぼす危険または健康障害の程度（重篤度)」および「危険を及ぼし，または健康障害を生ずるおそれの程度（発生可能性)」を考慮して見積もることとなる。

化学物質等による健康障害のリスクの場合には「化学物質等の有害性の程度」および「化学物質等にさらされる程度（ばく露の程度)」のそれぞれを考慮し，見積もることができる。具体的には，化学物質等への労働者のばく露量を測定し，測定結果を日本産業衛生学会の許容濃度等のばく露限界と比較してリスクを見積もる方法が確実性の高い手法である。

ばく露量の測定方法としては，労働者に個人サンプラー等を装着して呼吸域付近の気中濃度を測定する個人ばく露濃度測定のほか，一般的に広く普及している作業環境測定の気中濃度と作業状況からばく露量を見積もる方法や労働者の血液，尿，呼気および毛髪等の生体試料中の化学物質またはその代謝物の量を測定し，人の体内に侵入した化学物質のばく露量を把握する生物学的モニタリング方法がある。いずれの方法も，測定値の精度やばらつき，作業時間，作業頻度，換気状況などから，日間変動や場所的または時間的変動等を考慮する必要がある。

令和６年４月１日より，濃度基準値が設定されているリスクアセスメント対象物については，リスクの見積りの過程において，労働者がその物質にばく露される程度が濃度基準値の２分の１を超えるおそれにある場合は確認測定が必要となる。

留意事項：現行，特別則の規制がされている物質については，作業環境測定の義務があり，管理濃度の設定がされていることから，厚生労働大臣が定める濃度基準値は設定されない。

⑸　簡易なリスクアセスメント手法

化学物質のリスクアセスメントにおいて，ばく露量が測定できない場合などに用いる簡易なリスクアセスメント手法として，CREATE-SIMPLE（クリエイト・シンプル）が開発されている。これは，英国健康安全庁（HSE）の有害物管理規則

(COSHH）で採用されている簡易リスクアセスメント手法COSHHessentialsに基づき，厚生労働省が開発したものである。業種を問わず幅広い事業者が使用可能な簡易なリスクアセスメント支援ツールになっており，化学物質の取扱い条件（取扱量，含有率，換気条件，作業時間・頻度等）から推定したばく露濃度とばく露限界値（またはGHS区分情報に基づく管理目標濃度）を比較する方法で，専門的な知識がなくてもリスクアセスメントが実施できる。また，爆発・火災の危険性に関する簡易なリスクアセスメントも健康障害のリスクアセスメントと同時に実施することができる。ただし，この場合リスクアセスメントというよりは危険性の注意喚起の意味合いが強い。このクリエイト・シンプルは，厚生労働省ウェブサイト『職場のあんぜんサイト』に「化学物質のリスクアセスメント実施支援」で公開されている。

このほか同サイトには，「コントロール・バンディング」「検知管を用いた化学物質のリスクアセスメントガイドブック」，「爆発・火災等のリスクアセスメントのためのスクリーニング支援ツール」，欧州化学物質生態毒性・毒性センター（ECETOC）が提供する定量的評価が可能なリスクアセスメントツール「ECETOC TRA」，ドイツのBAuAが提供する「独EMKG定量式リスクアセスメントツール」も用意されている。あわせて活用を検討されたい。

(6)　リスク低減措置の検討および実施

リスク低減措置を検討・実施する場合には，法令に定められた事項がある場合にはそれを必ず実施する。次に，図１－４①～④の措置を検討する場合には次に掲げる優先順位でリスク低減措置の内容を検討の上，実施する。

ｉ　危険性または有害性を除去または低減する措置

危険性や有害性のより低い物質への代替，化学反応のプロセス等の運転条件の変更，取り扱う化学物質等の形状の変更またはこれらの併用によるリスクの低減

ⅱ　工学的対策，衛生工学的対策

機械設備等の防爆構造化，安全装置の二重化等，機械設備等の密閉化，局所排気装置の設置等

ⅲ　管理的対策

マニュアルの整備，立入禁止措置，ばく露管理，教育訓練等

ⅳ　個人用保護具の使用

化学物質等の有害性に応じた有効な保護具の使用

なお，リスク低減措置の検討にあたっては，安易にⅲやⅳの措置に頼るのではな

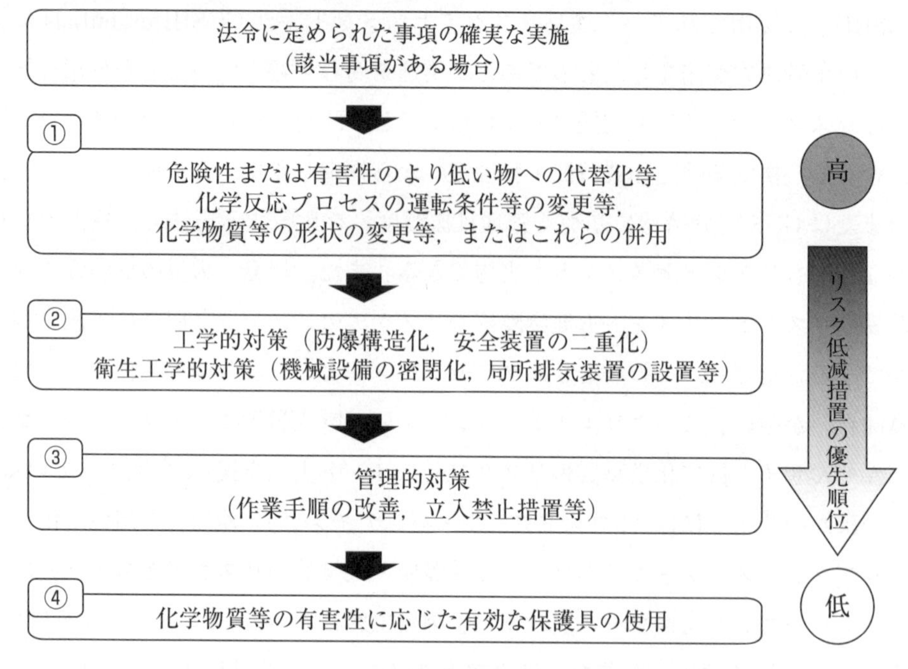

図１－４　リスク低減措置の検討および実施

く，ⅰおよびⅱの本質安全化の措置をまず検討し，ⅲ，ⅳはⅰおよびⅱの補完措置と考えるべきである。また，ⅲおよびⅳのみによる措置は，ⅰおよびⅱの措置を講じることが困難でやむを得ない場合の措置となる。

死亡，後遺障害，重篤な疾病をもたらすおそれのあるリスクに対しては，適切なリスク低減措置を講じるまでに時間を要する場合には，暫定的な措置を直ちに講じなければならないものである。

１－４　化学プラントに係るセーフティ・アセスメント

特定化学物質による災害発生事例を見ると，化学プラント設計段階における不備，バルブ，コック等の誤操作，日常点検の欠陥，保全におけるミス等種々の要因が考えられる。

特定化学物質作業主任者は，作業者が特定化学物質にばく露されないよう，作業者を指揮することが第一の職務であることから，上記災害要因が発生しないよう最大の努力が払われなければならない。このため，常に事業場内の安全衛生部門および生産を開始するまでの諸準備に関わった各部門との連携を密にし，災害防止のための手段の内容が適切か，不足している点はないか等をよく検討し，チェックして

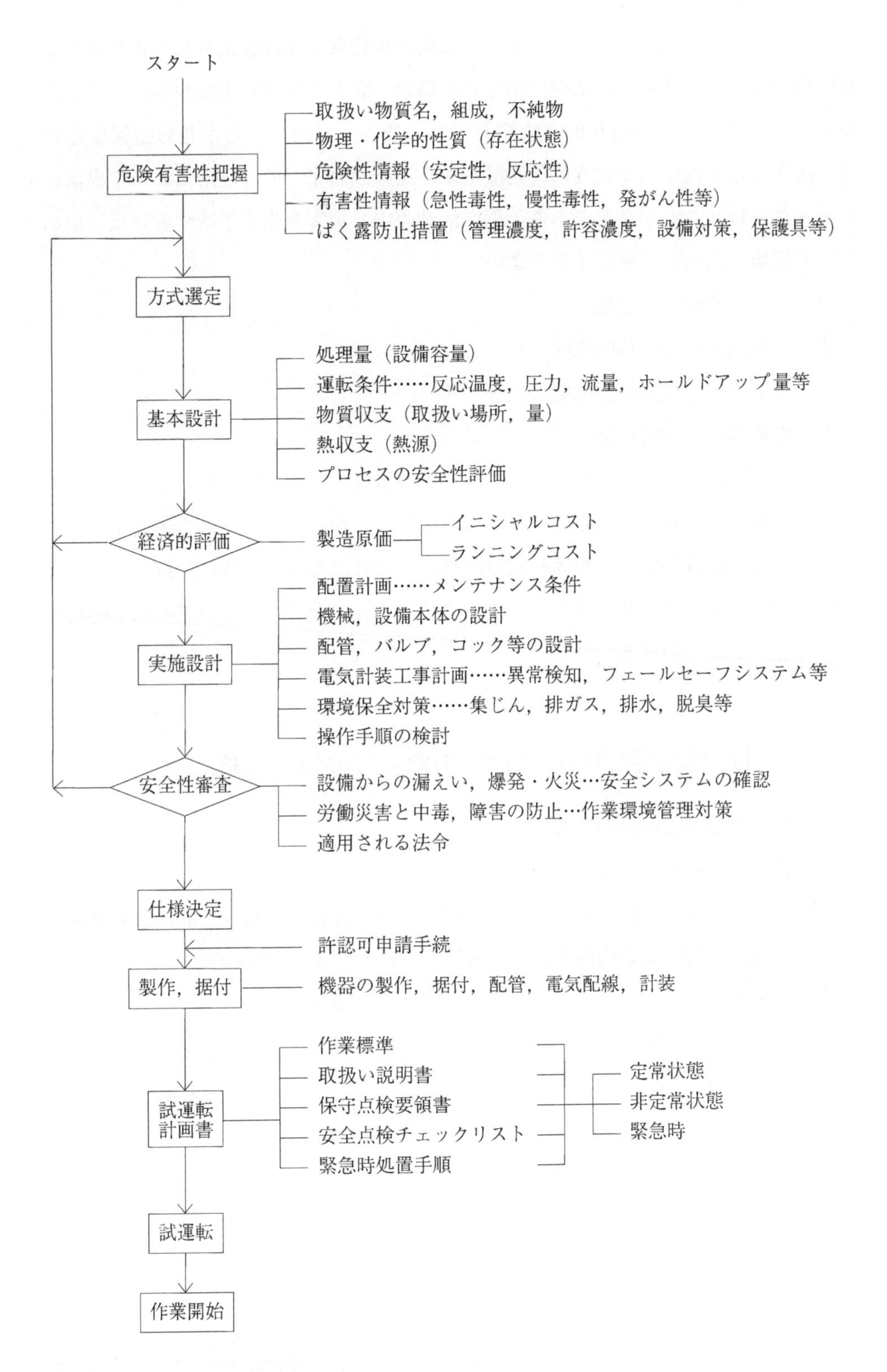

図１－５　特定化学設備の新設等新しい作業開始前の安全性のチェックポイント

おくことが必要である。また，特定化学設備が新設もしくは改造され，また新たな原材料の導入など新しい作業が開始される場合，新たな危険有害性がもたらされるおそれがある。これら潜在的な危険有害性を質的，量的にあらかじめ把握するため，図１－５の例に示すように計画段階から運転段階までの各段階において事前にチェックを行うことが必要である。生産活動の中で災害発生を予防するには，次の４つの種類に大別して検討するとよい。

① 原材料の危険有害性

② 機械設備などの物的危険

③ 作業方法，場所等の危険

④ 作業者の行動的危険

チェックにあたっては，それぞれの事業場の状況にあわせて作業しやすく，かつ安全性を幅広く検討するために，各部門のメンバーからなるチームを編成する。その際，作業主任者はできるだけ初期の段階からこれに参画し，特に，次の事項についての検討結果に留意するとともに，安全性の事前評価(注)についての基本的な背景を理解することが望ましい。

１－５　特定化学物質の取扱いにあたっての留意事項

⑴　作業の目的と内容の把握

ア　製品と使用する原料

製品の供給される相手先と使用の目的，原料，材料の供給元，取扱量の見通しなど，当該作業の事業場内外に対する位置付けや関連などを把握する。

イ　設備のフローシート，装置・機器の概略図，技術標準等

設備の計画や工事のために準備された諸資料の中から，当該作業を行うために必要な概略フローシート，PID（配管計装図），装置および機器の概略図，技術標準等を入手し，内容を検討しておく。

ウ　取扱い物質リスト（組成，主成分と主な不純物）

原料，中間体，副原料，補助材料，製品，副産物，廃棄物等，取り扱うすべての物質をリストアップしておく。

(注)　化学プラントにかかるセーフティ・アセスメントに関する指針（平成 12. 3.21 基発第149 号）

エ　危険有害物質の性状の把握

取扱い物質のうち，危険有害性を有する物質については，SDSなどにより，物理化学的性状，危険有害性などの情報を入手して検討しておく。重要な物質については，性状および取扱い上の必要な事項について，表などにしてまとめておくとよい。

オ　取扱い物質の設備各部における存在状態，量および物質収支

取扱い物質各々の設備各部における物理的状態，温度，圧力，流量，ホールドアップ量等の計画値および物質収支（最終的な行き先）を明確にしておく。

カ　作業標準（マニュアル）の事前検討

化学物質を取り扱うすべての作業について，作業を行う頻度，所要時間，取扱量（発生量），荷姿，空容器の処分方法等を含めて作業標準を事前に作成して，問題点を検討しておく。化学物質の取扱いに関し，一般的な作業の種類と検討を要する事項の例を表１－２に示す。

表１－２　一般的な作業の種類と検討を要する事項の例

作業の種類	検討を要する事項
①　原料，副材料等の購入 ②　受け入れ	購入先および品質，SDSの内容，荷姿受け入れ（荷おろし）の方法，漏えい時の処置方法
③　保管場所への運搬	運搬の手段と方法，漏えい時の処置方法
④　保管場所への受け入れ	受け入れ（荷おろし）の方法，漏えい時の処置方法
⑤　原料等の保管	変質（固結，汚染等），表示，関係者以外の立入禁止
⑥　払い出し	払い出し先の限定
⑦　使用場所への運搬	運搬の手段と容器，漏えい時の処置方法
⑧　使用場所での保管	保管の場所，変質（固結，汚染等）
⑨　容器からの取り出し，解袋 ⑩　調合，小分け ⑪　反応槽等への装入 ⑫　反応，処理	ばく露抑制対策（シール部の漏えい防止） 局所排気装置 保護具 作業標準（サンプリング，フィルタ交換，液面測定など）
⑬　廃棄物の取り出し	同上および漏えい時の処置方法
⑭　廃棄物の運搬	適切な容器，運搬方法，漏えい時の処置方法
⑮　製品等の保管	保管の場所，変質（固結，汚染等），表示，関係者以外の立入禁止，漏えい時の処置方法
⑯　廃棄物の処分	適切な処分の方法，漏えい時の処置方法，表示，廃棄の記録
⑰　装置，機器の保全等	作業計画の事前検討 （液抜き，開放，溶接，塗装，サンドブラスト，保温，化学洗浄，触媒の取扱いなど）

表１－３　生じるおそれのある災害および健康影響についての検討

①　取扱い物質の漏えいによる爆発，火災等
②　取扱い物質へのばく露による健康障害（急性，慢性等）
③　混触，異常反応による爆発，火災，破裂等
④　類似工程，作業において発生した火災，爆発等の災害の事例
⑤　急性，慢性作用によって生じた症例，疫学調査結果等の健康影響の事例

キ　代替についての検討状況

危険有害物質を取り扱うときは，生産開始後においても危険有害性の程度の低い物質に代替の可能性を追及するために，計画の段階での代替についての検討結果を入手しておく。

⑵　生じるおそれのある災害および健康影響の内容

SDS に記載の危険有害性の種類，危険性情報および有害性情報の内容に基づいて，表１－３に示すような災害または健康影響の生じる可能性の有無をあらかじめ検討しておく。また事故情報を調査し，類似の工程または作業で生じた災害または健康影響の事例を把握する。

定常の作業時だけでなく，作業の立ち上がりおよびシャットダウン時，修理等のための分解，開放時などに分けて検討しておくことが望ましい。

⑶　災害および健康影響の防止対策

災害発生および健康影響を防止するためにとられている対策の内容とその機能の限界を，表１－４に示す各項目に沿って把握しておくことが必要である。

この内容についても，定常の作業時だけでなく，作業の立ち上がりおよびシャットダウン時，保全のための清掃，開放時などに分けて検討しておくことが望ましい。

また災害が発生したときの，必要な応急措置とともに，拡大を防止するための対策を検討しておかなければならない。

表１－４　あらかじめ検討すべき災害および健康影響の防止対策

①　密閉化，漏えい防止策，局所排気装置，換気装置の設置
②　異常，漏えい，ばく露の検知，警報，緊急停止システム
③　計装，用役供給のダウン時の自動停止システム
④　火災，爆発，中毒等の緊急事態時の拡大防止，二次災害防止システム
（自動消火システム，消火，通報，避難の体制，救急措置の体制）
⑤　作業手順中のばく露防止に関する事項（表１－２に示す各種の作業）
⑥　装置，機器の開放に際し，危険有害性物質を確実に除去できる構造と活用
⑦　保全作業を行うための手順，許可のシステム
（火気使用，入槽などの許可手続き，施錠，札かけなどの手順）
⑧　必要な保護具の種類と形式の選定
⑨　必要な個人衛生対策

第２章

作業環境管理

本章のねらい

作業環境管理の進め方をおさらいした後，作業環境測定や局所排気装置等について学びます。

２－１　作業環境管理の進め方

職場の中には作業者の健康に影響を及ぼす物理的，化学的，生物学的等種々の因子が存在している。特定化学物質を取り扱う職場では，これら諸因子による健康影響の防止に加え，設備からの漏えい等による急性中毒等の障害防止を図ることが大切である。このため，健康障害を引き起こす因子を排除し，作業環境を適切に維持管理することは労働衛生管理の基本的かつ重要な対策である。

特定化学物質を取り扱う職場の作業環境管理を進める上で，作業に精通し，直接作業者を指揮する作業主任者の果たす役割は大きい。ここでは，作業主任者が必要とする作業環境管理に関する基本的事項について述べる。

(1)　原材料管理の基礎知識

職場で使用している原材料には，どのような化学物質が含まれており，これらの化学物質は，作業者にどのような健康影響を与えるであろうか。職場のさまざまな生産過程において，これらの原材料がそのまま，もしくは形態（粉じん，ガス等）を変えて作業者に接触したり，作業環境中に飛散し作業者がばく露されることが考えられる。これらの原材料に対する情報を事前に知り作業環境対策を講ずる必要がある。ここでは，新たに原材料が導入されたり，変更される際に考慮されるべき基礎的な内容について述べる。

ア　原材料の成分

原材料にどのような化学物質が含まれており，これらの化学物質の性状や形態をあらかじめ知り，事前に対策を講じておくことが必要である。原材料の新たな導入時や変更時には，メーカーから原材料のSDSを入手し，その成分や健康への影響等をあらかじめ調査し作業環境対策を講じておく必要がある。

特に特定化学物質の場合は，低濃度でも健康影響の原因となるものが多く，その多くは含有成分が１％(コールタール，シアン化カリウム，シアン化ナトリウム，パラ-ニトロクロロベンゼン，弗(ふっ)化水素，フェノールについては５％，ベリリウム合金については3%，ベンゾトリクロリドについては0.5%）を超えると特化則の対象となる。ただし，エチルベンゼン，クロロホルム，四塩化炭素，1,4-ジオキサン，1,2-ジクロロエタン，1,2-ジクロロプロパン，ジクロロメタン，スチレン，1,1,2,2-テトラクロロエタン，テトラクロロエチレン，トリクロロエチレン，メチルイソブチルケトン（これら12物質を「特別有機溶剤」という。）については，各成分の含有が１％を超えていなくても，特別有機溶剤と有機溶剤との含有量の合計が５％を超えると特化則の規制の対象となる。このため成分によっては，原材料の主成分のみでなく，不純物として含まれているものも調査しておく必要がある。

イ　化学物質の性状と飛散の形態

職場で取り扱っている特定化学物質の性状（表２－１参照）を理解することは，作業環境を考慮した工学的対策を立てる際や，設備の設計や機器装置の選定を適正に行う際に極めて重要である。化学物質の飛散や発散は，原材料そのものの物理化学的性状によって決まる。しかし，温度，圧力や化学反応等工程内で起こる条件によっても大きく異なることを考慮した上で，対策を講じることが大切である。当該環境下における性状によって作業環境への飛散や拡散の形態が異なるのみでなく，人体への接触や吸収の程度に違いが出てくる。

粒子状物質では，粒子の大きさと密度が，ガス状物質では空気に対する比重の違いにより飛散や拡散の状態が変化する（図２－１および図２－２参照)。

したがって，化学物質が人体にどのような経路で作用するかを調査し対策を立てる必要がある。

ここでは，化学物質を取り扱う際のばく露の形態とその対策について述べる。

(ア)　蒸気圧と沸点

液体は温度を上げたり気圧を下げたりすると，蒸発が起こり蒸気が空気中に拡散していく。その物質が空気中に蒸発できる限界を「飽和蒸気圧」，あるいは単に「蒸気圧」という。蒸気圧が大気圧に達すると液体内部からも急激な蒸発が起

表2－1　化学物質の性状と特定化学物質の例示

分類		状態	性状	特定化学物質の例示
ガス状物質	ガス	気体	常温常圧（25℃，1気圧）で気体の物質	塩素，塩化ビニル，シアン化水素，臭化メチル，弗（ふっ）化水素，アンモニア，塩化水素等
	蒸気		常温常圧（25℃，1気圧）で液体または固体の物質が蒸気圧に応じて揮発または昇華して気体となっているもの	ベンゾトリクロリド，アクリロニトリル，アルキル水銀，エチレンイミン，クロロメチルメチルエーテル，水銀，トリレンジイソシアネート，ニッケルカルボニル等
粒子状物質	ミスト	液体	液体の破砕によって生じた微細な粒子が空気中に浮遊しているもの（粒径5～100μm）	クロム酸，コールタール，シアン化合物，硫酸ジメチル等
	粉じん	固体	固体に対する研磨，切削，粉砕等の機械的な作用により生じた固体微粒子が空気中に浮遊しているもの（粒径1～150μm）	ジクロルベンジジン，オルトトリジン，アクリルアミド，無水クロム酸，五酸化バナジウム等
	ヒューム		気体（たとえば金属蒸気）が空気中で凝固し，固体の微粒子となって空気中に浮遊しているもの（粒径0.1～1μm程度）	溶融金属からの表面から発生する酸化物，たとえば，酸化カドミウム，五酸化バナジウム，溶接ヒューム等

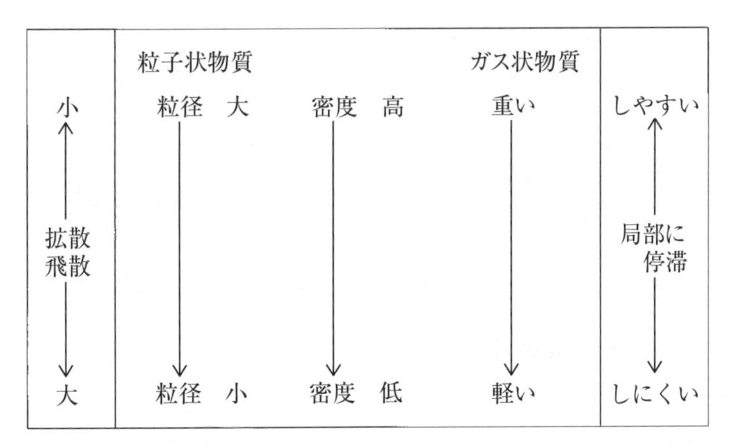

図2－1　粒子状物質，ガス状物質の環境中への飛散，拡散の傾向

きる。この現象を「沸騰」と呼び，このときの温度を「沸点」という。一般に蒸気圧が高く沸点が低い物質は，気化しやすい傾向をもっている（図2－3および表2－2参照）。

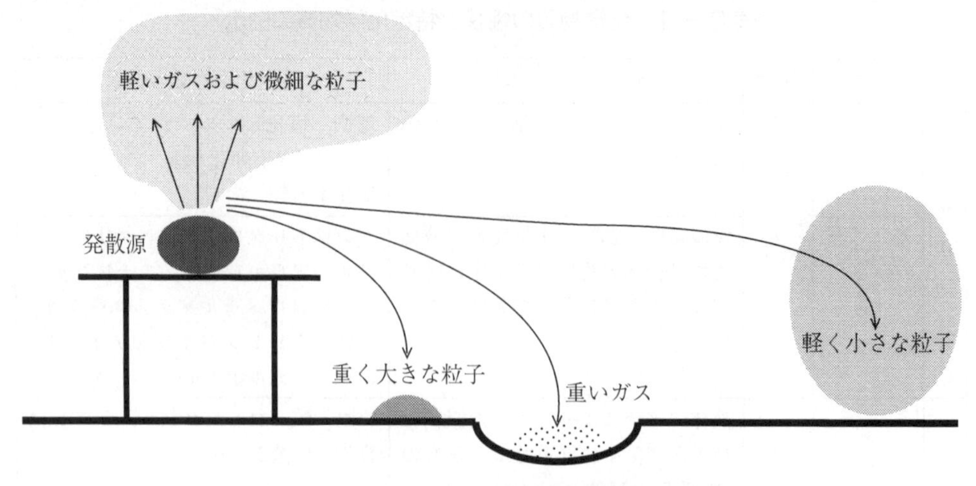

図２－２　有害物の飛散，拡散状態と性状

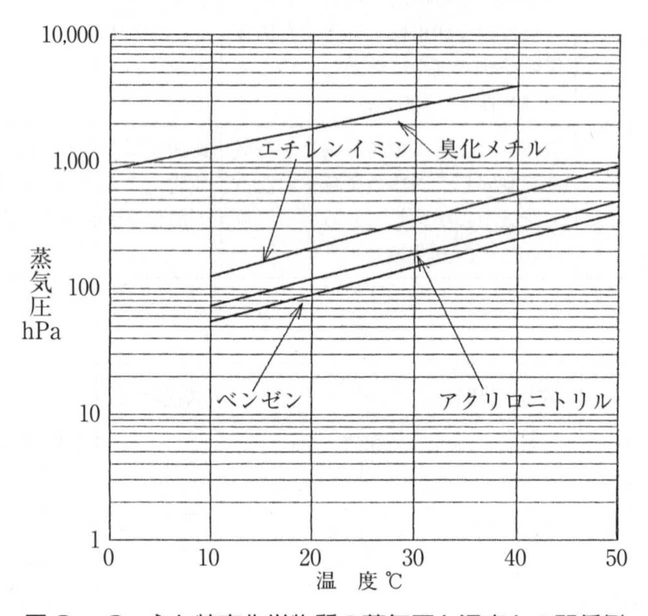

図２－３　主な特定化学物質の蒸気圧と温度との関係例

⑷　蒸気の比重と粉じんの粒径

ガス状物質は，ガスの重さ（空気に対する）によって挙動が異なる。空気より軽いガス状物質は，室内の上方に拡散しやすい。一方空気より重いガス状物質は，下方に拡散して床面やくぼみ等にたまりやすいので（図２－２参照），換気の方法や濃度警報装置の設置場所について十分検討する必要がある。

密度が高く粒径の大きな粒子状物質の拡散範囲は，発散源周辺に限られる。しかし，粒子径が極めて小さい粒子は密度とは無関係に拡散し，長い時間にわたって空気中に浮遊し続ける（およそ１μm 以下の粒子）。

表2－2　特定化学物質の沸点と蒸気圧

物質名	沸点	蒸気圧		備考
	(℃)	(hPa)	(mmHg)	
塩化水素	－85			
塩　素	－34.1			
ホルムアルデヒド	－21			
塩化ビニル	－13.9			
臭化メチル	3.6	1889	(1420)	20℃
ホスゲン	8	1563	(1175)	20℃
弗(ふっ)化水素	－19.4	49	(37)	26.7℃
シアン化水素	25.7	1067	(802.7)	27.2℃
ニッケルカルボニル	42.3			
沃(よう)化メチル	42.5	540	(406)	
エチレンイミン	55	213	(160)	20℃
クロロメチルメチルエーテル	61			
アクリロニトリル	77.7	133	(100)	22.8℃
ベンゼン	80.1	106	(80)	21.3℃
硝　酸（98％硝酸）	86	57	(43)	25℃
ニトログリコール	105.5	0.05	(0.04)	20℃
ベータ-プロピオラクトン	155			
フェノール	182.2	0.47	(0.35)	
ベンゾトリクロリド	220.9			
パラ-ニトロクロロベンゼン	242			
トリレンジイソシアネート	251	0.01	(0.01)	
ペンタクロルフェノール	310	13	(10)	分解
水　銀	357	0.0016	(0.0012)	20℃

（注）1 mmHg = 1.33hPa = 13.6mmH_2O
1 hPa = 0.75mmHg = 10.2mmH_2O
1 mmH_2O = 0.098hPa = 0.074mmHg

(ウ)　気中濃度とその濃度表示

空気中へ飛散，拡散した有害物の濃度は，ガス状物質についてはppm，粒子状物質についてはmg/m^3で表示される（表2－3参照）。

(エ)　感覚による気中濃度の判断の危険性

有害物を取り扱う作業場内の気中濃度を知る方法として，物質の臭気や眼，気道への刺激がある。臭気をはじめとする人間の五感を働かせて危険を避けること

表２－３　気中濃度表示

濃度表示	内容	濃度の換算
ガス状物質 $ppm = \frac{1}{100万}$	一定の容積空気中に占めるガス状物質の容積の全体に対する割合（百万分率）	ガス状物質の１モルは，25℃，1013hPa（760mmHg）で24.47Lを占める。分子量をMとすると $ppm = mg/m^3 \times \frac{24.47}{M}$ または $mg/m^3 = ppm \times \frac{M}{24.47}$
粒子状物質 mg/m^3	空気１m^3の中に浮遊している粒子状物質の質量（mg）	

は大切なことではあるが，個人差が大きいことおよび感覚器官の慣れによって感知することができる濃度は高くなるから，五感のみによる判断は極めて危険である。感覚に頼らず，正しい方法で気中濃度を調査し判断する必要がある。

㈿　気中濃度の変動

作業環境中の有害物質の濃度は作業場内の場所，測定時刻，あるいは測定日により著しい変動を示すのが一般的である。

図２－４は，気中の粒子状有害物質の濃度を，固定した測定点で１分間隔でおおよそ１時間にわたって測定した結果である。わずか１時間程の間に数倍以上の濃度変動が見られる。

図２－５のＡ，Ｂは同一の作業場において２日間連続して気中粉じんの相対濃度を測定した結果の一例である。ＡとＢの濃度のパターンは明らかに測定を行っ

作業環境中の濃度の計算方法（例示）

１時間で有害物質100mLが蒸気として常温の空気中へ拡散した。物質の分子量をM，物質の比重をρ（1.3）とする。部屋の気積を$100m^3$とし換気回数を３回／時とした場合のおおよその気中濃度Cは次のように求めることができる。

$$C_1(mg/m^3) = \frac{100mL \times \rho \times 1000}{100m^3 \times 換気回数}$$

$$C_2(ppm) = \frac{C_1(mg/m^3) \times 24.47L}{M}$$

ρを1.3，M（分子量）を90g/molとすると

$$C_1\ (mg/m^3) = \frac{100 \times 1.3 \times 1000}{100 \times 3} \fallingdotseq 433$$

$$C_2\ (ppm) = \frac{433 \times 24.47}{90} \fallingdotseq 117.7$$

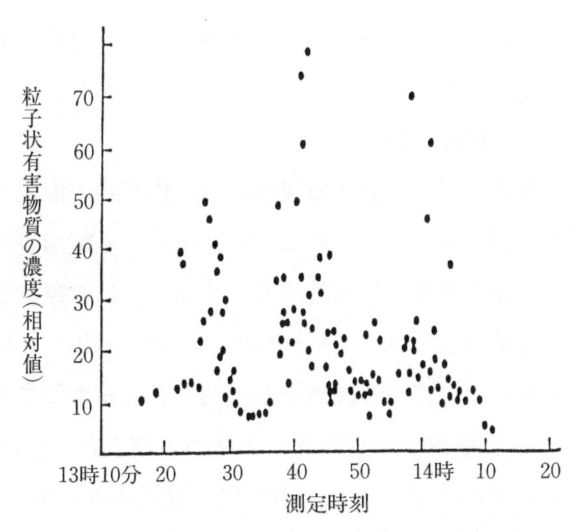

図２－４　気中粒子状有害物質濃度の時間変動の例

た日によって著しく異なっており，１月 28 日の測定値の幾何平均値は 94cpm（１分間当たりのカウント数）であり，１月 29 日の値は 126cpm であり，測定日によって濃度のパターンも平均濃度も大きく異なっていることがわかる。このような濃

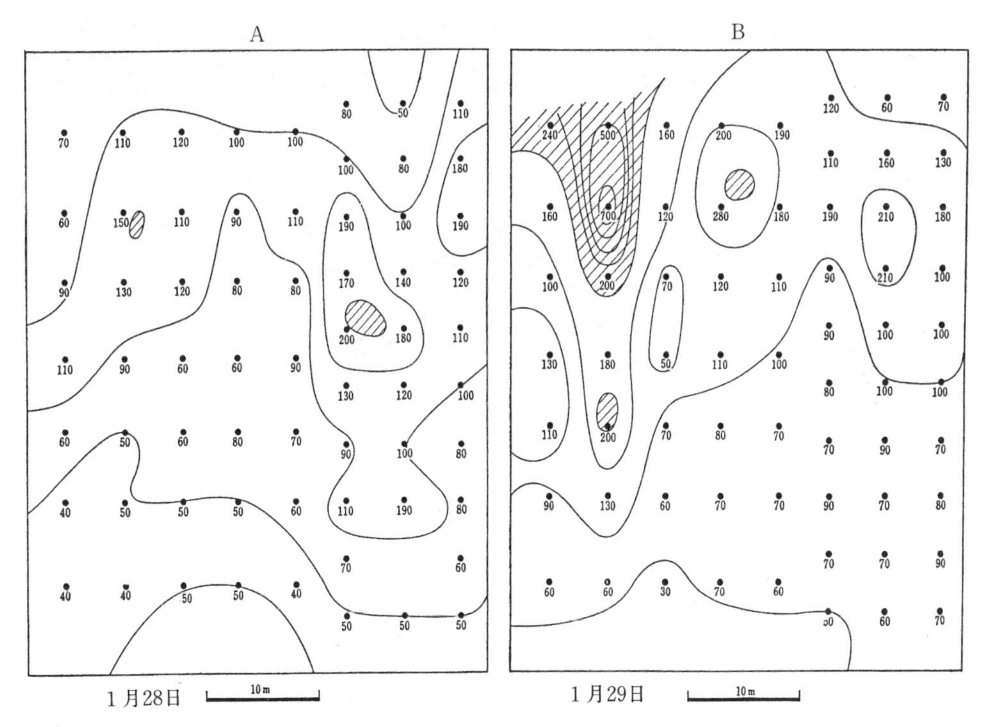

図２－５　気中粒子状有害物質濃度の空間および日間変動の例（相対値）
「大気分析におけるサンプリングⅠ」（輿重治：1970 年）より

度の変動は，ここに示した測定値についてのみでなく，日常一般に起こる現象であることに留意する必要がある。

⑵　特定化学物質の貯蔵と保管

特定化学物質を入れた容器を保管する場合には，内容物の温度上昇および変質を防止するため，直射日光を避け，換気のよい冷暗所で，直接雨等の影響を受けない(屋根付の場所)，鍵のかかる場所に保管する。また，床は対象物質が浸透，反応しない材質を用いて，堆積の起こりにくい構造とし，万一漏出した場合にも，土壌や水質への環境汚染を生じないような配慮をしておくことが重要である。

特定化学物質の入った容器は，当該物の名称および人体に及ぼす作用について表示，文書の交付その他の方法により，当該物を取扱う者に明示する必要がある。(ｐ.162 ６章６－２最近の法改正⑸参照) また，保管場所には物質名や取扱い方法を表示し，多種類の物質を保管する場合は，種類別に整理し混触による反応を考慮し，同一場所への保管を避ける。

ふたのしっかりした保管容器を用い飛散を防止する。漏えい等非常時を考慮し，漏えい警報器や中和剤，消火器，強制換気装置等の備えも必要である。配管や貯蔵のためのタンク等には腐食による漏えいを防止するため，耐食性のある材料を用い，コックやバルブ等の接合部からの漏れを防止するための対策と，操作方法に関する表示や取り扱う物質の名称と取扱い方法を表示することが必要である（図２－６）。

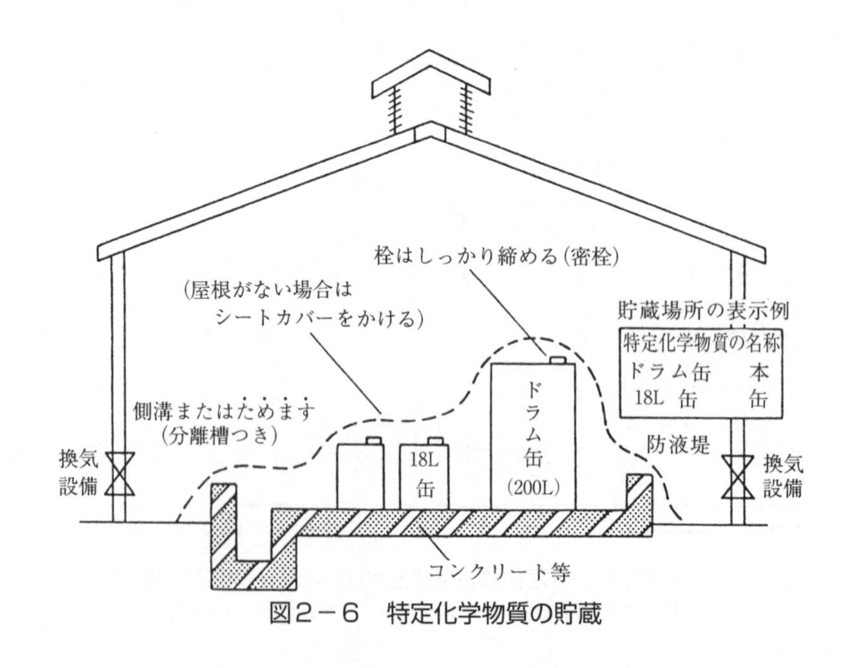

図２－６　特定化学物質の貯蔵

図2－7　ぼろ等の処理

⑶　残さい物の付着したぼろ等の処理

特定化学物質の付着したぼろやウエスは二次汚染や，誤って素手で触れる等の危険を避けるため，定められた密閉容器に入れ処理する。放置することにより作業環境に影響を及ぼすものとして，次のようなものが考えられる。

①　漏れまたは床や装置に堆積している特定化学物質

②　特定化学物質が入っていた容器や袋

③　特定化学物質の付着した機器等を払拭したぼろやウエス

④　汚染された作業衣，手袋や防毒マスク等

これらを一時的に保管する場合は，局所排気装置のフード内で保管する（図2－7）。

⑷　反応中間生成物への対応

特定化学物質の合成や化学反応の際に，一定の条件から逸脱すると，異常な反応が進み，温度や圧力が上がったり有害なガスが発生することがある。また，反応過程において生成される中間生成物の有害性についての情報が少ないものが多い。工程の途中で生じた有害物質が最終工程まで残留して，作業者に影響を及ぼさないよう考慮しておく必要がある。予想される問題については，適切なセンサーを備えた監視装置により事前に異常を検知し異常の状況に応じた安全対応をマニュアル化しておくべきである（たとえば反応容器内の圧力が基準以上に上がった場合は，安全弁を開き，緊急措置をとるとともに，反応を中止し原因の調査を行う等）。

◆学習の確認◆

1　職場で使用している特定化学物質は何ですか？　また，それはどのような形態で作業環境中に発散していますか？

その発散防止対策として現在どのような措置がとられていますか？

2　使用している特定化学物質が発散した場合，その特定化学物質は空気より重いか軽いかをSDSで確認していますか？

3　1日の作業の時間において，作業環境中の特定化学物質の濃度が最も高くなる時間帯は何時ですか？

4　特定化学物質は，安全に貯蔵・保管されていますか？　また，万一漏えいした場合の対策はされていますか？

２－２　作業環境測定

２－１に解説したとおり作業環境の管理を行うにあたっては，作業者の健康にとって安全な状態に維持管理することが第一である。可能なら有害な物質の使用を避け，有害性の少ない物質への代替をする等の事前の対策が必要である。

①　有害物質の製造や使用の中止，有害性の少ない物質への代替 ②　有害な生産工程，作業方法の改良による有害物質の発散の防止 ③　有害な物質を取り扱う設備の密閉化と自動化または有害な生産工程の隔離と遠隔操作の採用 ④　局所排気装置・プッシュプル型換気装置等の設置 ⑤　全体換気装置の設置 ⑥　保護具等の着用	↑より基本的な対応

作業環境の評価にあたっては，当該物質の有害性のみではなく，蒸気圧などの物性や，作業方法による環境への飛散や拡散のしやすさをも含め考慮しておかなければならない。有害性がそれほど高いと思われなくても，環境中への飛散や拡散が著しいと考えられる場合や，有害性は高いが蒸気圧が低く発散しにくい場合がある等も常に考慮しておく必要がある。作業環境管理を行う場合，取り扱う物質を有害性のより低い物質への代替が可能であるかどうかをまず検討すべきである。しかし現実には困難なことが多く，密閉や換気設備等を設置し対応する場合が多い。

⑴　作業環境測定の意味

作業環境に起因する労働者の健康障害を防止するために，有害化学物質や有害エネルギー等作業環境中の有害要因への労働者のばく露を低く抑えることが重要である。そのためには，作業環境の有害要因の程度を測定して実態を正しく把握し，必要に応じすみやかに改善の措置をとり，常に良好な環境を保持しておく必要がある。

安衛法第２条第４号で，「作業環境測定」は「作業環境の実態をは握するため空気環境その他の作業環境について行うデザイン，サンプリング及び分析（解析を含む。）をいう。」と定義付けされている。ここでいう「デザイン」とは当該作業場の諸条件に即した測定計画を立てること，「サンプリング」とは試料採取を行うことを指す。

⑵　安衛法の定めによる測定

事業者には，有害な業務を行う屋内作業場その他政令で定める作業場について，必要な作業環境測定を行い，その結果を記録すること等が義務付けられており（安衛法第65条），労働安全衛生法施行令（以下「安衛令」という。）第21条には作業環境測定を行うべき作業場について，また，特化則第36条等には，第一類物質と第二類物質について6月以内ごとに1回，定期に作業環境測定を実施すること等の規定がある。測定結果から環境評価を行う場合の指標となる「管理濃度(注)」は，作業環境評価基準の別表に示されている。

なお，安衛法第65条第1項による作業環境測定のほか，次のような作業場の空気中有害物質の濃度の測定がある。

① 新規に導入された設備，原材料，作業方法等の有害性の予測，環境改善効果の評価のために随時実施する測定（安衛法第22条）

② 危険有害な場所への立ち入りの可否の判断や危害防止措置の必要性を決める測定（安衛法第22条，第23条）

③ 特定化学物質を取り扱う作業で局所排気装置の性能を評価するための測定（安衛法第22条，特化則第7条第1項第5号）

④ 健康診断結果から作業環境の実態を再検討するための測定（安衛法第66条の5第1項）

⑶　作業環境測定の実施とその評価

特定化学物質の第一類物質または第二類物質を製造し，または取り扱う作業場についての安衛法第65条第1項の作業環境測定は，6月以内ごとに1回，定期に実施し，測定結果に基づいて作業場所の環境管理の状況を評価しなければならない（特化則第36条，第36条の2）。

作業環境測定のデザインでは，まず単位作業場所を設定する。単位作業場場所とは，作業者の行動範囲および有害物質の分布状況等により定められる作業環境測定のための必要な区域であり，測定結果や評価結果が及ぶ範囲である。単位作業場所の床面上に，原則として6m以下の等間隔で引いた縦の線と横の線との交点の床上

（注）　管理濃度は，作業環境評価基準（昭和63.9.1労働省告示第79号）に定められている。作業環境管理を進める過程で，有害物質に関する作業環境の状態を評価するために，作業環境測定基準（昭和51.4.22労働省告示第46号）に従って単位作業場所について実施した測定結果から，管理の良否を判断する管理区分を決定するための指標。学会等の示すばく露限界および各国の規制の動向を踏まえつつ，作業環境管理に関する国際動向等をもとに，その目的に沿うよう行政的な見地から設定されたものである。

0.5m 以上 1.5m 以下の位置を測定点とし，５測定点以上でサンプリングを行うのをＡ測定という。Ａ測定は単位作業場所内の平均的な有害物質濃度を把握するための測定である。Ａ測定の他に，有害物質の発生源に近接する場所で作業が行われる場合には，その作業が行われる時間のうち，有害物質濃度が最も高くなると思われる時間に，その作業が行われる位置でサンプリングを行うＢ測定も実施することになっている。得られた測定結果から作業環境評価基準に従って評価を行い，第１管理区分（作業環境管理が適切な状態），第２管理区分（作業環境管理になお改善の余地がある状態）または第３管理区分（作業環境管理が不適切な状態）のいずれかに区分する。

なお，Ａ測定・Ｂ測定の定点での作業環境測定および評価が 30 年以上行われてきたが，作業者が発生源とともに移動するような吹付け塗装作業や発生源に非常に近接して作業が行われる溶接作業等では，測定点を作業者の直近にすることができないことから，実際の作業環境濃度よりも低い測定結果となり，正しく作業環境を評価できていないことが指摘されてきた。この指摘を受け作業に従事する者の身体に装着する試料採取機器（個人サンプラー）等を用いて行う作業環境測定の導入を検討するために，厚生労働省に専門家検討会が設置された。その検討結果を受け，塗装作業等有機溶剤等の発散源の場所が一定しない作業，および管理濃度が低い物質（低管理濃度特定化学物質）を取り扱うことにより，作業者の動きにより呼吸域付近の評価結果がその他の作業に比べて相対的に大きく変動すると考えられる作業については，作業環境測定法施行規則等の改正により，令和３年４月から従来のＡ測定・Ｂ測定または個人サンプラーを用いた作業環境測定（個人サンプリング法：Ｃ測定・Ｄ測定）のいずれかが選択できることになった。

令和５年 10 月からは，「低管理濃度特定化学物質」と呼ばれていたものは，「個人サンプリング法対象特化物」となった。また，有機溶剤物質も発散源の場所が一定しない作業だけを対象とせず，単に「有機溶剤等」となり，粉じんも追加された。個人サンプリング法対象特化物を**表２－４**に示した。

その後も専門家検討会で，個人サンプリング法による作業環境測定の拡大等について検討が行われており，今後も規則等の改正が行われる予定である。（ジクロルベンジジン及びその塩，他 13 物質を追加するとともに，ベリリウム及びその化合物その他５物質，および鉛に係る分析方法に誘導結合プラズマ質量分析方法を追加する予定である（令和７年１月より適用）。

表2－4　個人サンプリング法対象特化物

		測定対象物質	管理濃度
低管理濃度特定化学物質	個人サンプリング法対象特化物	ベリリウム及びその化合物	ベリリウムとして 0.001mg/m^3
		インジウム化合物	設定されていない
		オルト - フタロジニトリル	0.01 mg/m^3
		カドミウム及びその化合物	カドミウムとして 0.05 mg/m^3
		クロム酸及びその塩	クロムとして 0.05 mg/m^3
		五酸化バナジウム	バナジウムとして 0.03 mg/m^3
		コバルト及びその無機化合物	コバルトとして 0.02 mg/m^3
		3,3'-ジクロロ-4,4'-ジアミノジフェニルメタン	(MOCA) 0.005 mg/m^3
		重クロム酸及びその塩	クロムとして 0.05 mg/m^3
		水銀及びその無機化合物（硫化水銀を除く。）	水銀として 0.025 mg/m^3
		トリレンジイソシアネート	0.005ppm
		砒素及びその化合物（アルシン及び砒化ガリウムを除く。）	砒素として 0.003 mg/m^3
		マンガン及びその化合物	マンガンとして 0.05 mg/m^3
		アクリロニトリル	2 ppm
		エチレンオキシド	1 ppm
		オーラミン	設定されていない
		オルト－トルイジン	1 ppm
		酸化プロピレン	2 ppm
		三酸化二アンチモン	アンチモンとして 0.1 mg/m^3
		ジメチル－２・２－ジクロロビニルホスフェイト（DDVP）	0.1 mg/m^3
		臭化メチル	1 ppm
		ナフタレン	10ppm
		パラ－ジメチルアミノアゾベンゼン	設定されていない
		ベンゼン	1 ppm
		ホルムアルデヒド	0.1ppm
		マゼンタ	設定されていない
		リフラクトリーセラミックファイバー	5μm 以上の繊維として 0.3 本 /cm^3
		硫酸ジメチル	0.1ppm
		特別有機溶剤	
		エチルベンゼン	20ppm
		クロロホルム	3 ppm
		四塩化炭素	5 ppm
		１，４－ジオキサン	10ppm
		１，２－ジクロロエタン（別名二塩化エチレン）	10ppm
		１，２－ジクロロプロパン	1 ppm

		ジクロロメタン（別名二塩化メチレン）	50ppm
		スチレン	20ppm
		1，1，2，2－テトラクロロエタン（別名四塩化アセチレン）	1ppm
		テトラクロロエチレン（別名パークロルエチレン）	25ppm
		トリクロロエチレン	10ppm
		メチルイソブチルケトン	20ppm

個人サンプリング法では，気中有害物質の平均的な状態を把握するための測定をC測定といい，単位作業場所において，測定対象物質にばく露される量がほぼ均一であると見込まれる作業（均等ばく露作業）ごとに，原則としてそれぞれ５名以上の適切な人数の作業者の襟元（呼吸域）付近に個人サンプラーを装着して作業に従事する全時間（２時間以上）測定を行う。また，発散源に近接する場所において作業が行われる単位作業場所にあっては，当該作業が行われる時間のうち，気中有害物質の濃度が最も高くなると思われる時間に，作業者に個人サンプラーを装着してD測定という15分間の測定を行う。得られた測定結果から作業環境評価基準に従って評価を行い，A測定・B測定と同様に第１管理区分（作業環境管理が適切な状態），第２管理区分（作業環境管理になお改善の余地がある状態）または第３管理区分（作業環境管理が不適切な状態）のいずれかに区分する。

また，令和６年４月１日より，作業環境測定の結果が第３管理区分の事業場に対する措置の強化が施行された（p.161，第６章６－２最近の法改正⑶参照）。

留意事項

指定作業場の作業環境測定は，その事業場の作業環境測定士または作業環境測定機関に委託して実施させなければならない。また，その結果は作業環境の評価とともに「作業環境測定結果報告書」により報告される。作業主任者は，自己の担当作業場所の評価がどうなっているか，改善の必要の有無について常に関心をもち作業者を指揮する必要がある。

⑷　作業環境測定の実施と作業主任者の関わり

作業主任者は，日常の作業の状況を十分把握し，作業環境測定を実施する際には，作業環境測定士とよく連絡をとり情報の交換を事前に行い，適切な測定のデザインが行われるよう努めるべきである。

測定を実施する場合に必要な情報として以下のような項目が挙げられる。

① 測定の対象となる製造もしくは取扱い物質名とその量および使用場所
② 測定予定実施日時に標準的（日常的な）作業が行われるか
③ 作業の流れ（準備作業，本作業，起こり得る特殊な作業，後始末作業等）
④ 対象物質を取り扱う条件（温度，攪拌（かくはん），時間等）
⑤ 製造設備，空調設備および局所排気設備等の稼働状況
⑥ 局所排気装置等の点検，検査状況
⑦ 前回の測定結果とその後の作業環境の変化
⑧ 作業者の訴えや健康診断結果
⑨ 臭気や粉じんの堆積（有害物の飛散）状況についての情報
⑩ 設備の配置と就業中の作業者の行動範囲と行動パターンの概要
⑪ 保護具等の着用状況
⑫ その他　生産数量や作業者の配置等

なお，法令に規制されていない物質であっても，調査等の結果有害性があるものについては，作業環境を把握しておく必要があり，作業環境測定士と事前に相談し測定を実施することが好ましい。

留意事項

作業主任者が作業現場の詳しい状況や作業内容等を説明しておかないと，作業現場の実態とかけ離れた不適切なデザインのもとに作業環境測定が行われ，その結果的確な評価が行われないことになる。

◆学習の確認◆

1　現在使用している特定化学物質についての測定を実施していますか？
　その測定の目的は何ですか？
2　作業環境測定の実施にあたり，作業主任者が立ち会っていますか？　また，事前に作業環境測定士と情報交換を実施し，納得のいく測定が実施されていますか？

⑸　作業環境測定結果報告書のモデル様式と結果報告書の見方

ア　作業環境測定結果報告書の記載内容

この報告書の様式については，通達によりモデル様式が示されている。この様式は**表２－５**のような６枚の記入表からなっており，①②③～㉘までの記号が付された記入欄にそれぞれ必要な情報が記載されている。

イ　作業環境測定結果報告書の見方

作業環境測定結果報告書のそれぞれの欄には，以下のような情報がそれぞれ記入されている。○囲み数字は，記入欄の番号であり，様式が多少異なっていても記入欄の番号は同じにすることになっている。

表2－5　作業環境測定結果報告書（証明書）（A 測定，B 測定用）

保存　　年

年　　月　　日

報告書（証明書）番号＿＿＿＿＿＿＿＿

作業環境測定結果報告書（証明書）

＿＿＿＿＿＿＿＿＿＿＿＿＿＿殿

貴事業場より委託を受けた作業環境測定の結果は、下記及び別紙作業環境測定結果記録表に記載したとおりであることを証明します。

測定を実施した作業環境測定機関

① 名　称		② 代表者職氏名	㊞
		②－（2）　作業環境測定結果の管理を担当する者の氏名	㊞
③ 所在地（TEL、FAX）			
④ 登録番号		⑤作業環境測定に関する精度管理事業への参加の有無	無 有（　　年度 参加 No.　　　）
⑥ 連絡担当作業環境測定士氏名		⑦　登録に係る指定作業場の種類	第 1　2　3　4　5
		⑦－（2）　個人サンプリング法が実施できる旨の登録の有無	有　・　無

測定を委託した事業場等

⑧ 名称	
⑨ 所在地（TEL、FAX）	

記

1. 測定を実施した単位作業場所の名称：
2. 測定した物質の名称及び管理濃度　：
3. 測定年月日　（1日目）　　　年　　月　　日　　（2日目）　　　年　　月　　日
4. 測定結果

測　定　日		1日目	2日目	1日目と2日目の総合	区分
A・C測定結果〔幾何平均値〕	A・C	M_1＝　（　）	M_2＝　（　）	M＝　　（　）	Ⅰ　Ⅱ　Ⅲ
B・D測定値	B・D	（　）			Ⅰ　Ⅱ　Ⅲ

（　　）内には単位〔ppm・mg／m^3・f／cm^3・無次元〕を記入

管理区分（作業環境管理の状態）	第 1 管 理 区 分（適　切）	第 2 管 理 区 分（なお改善の余地）	第 3 管 理 区 分（適切でない）

【事業場記入欄】（以下については事業場の責任において記入すること）

作成者職氏名		作成年月日	年　　月　　日

（1）　当該単位作業場所における管理区分等の推移（過去4回）

測定年月	年　　月	年　　月	年　　月	年　　月（前回）
A・C 測定結果	Ⅰ　Ⅱ　Ⅲ（A・C）	Ⅰ　Ⅱ　Ⅲ（A・C）	Ⅰ　Ⅱ　Ⅲ（A・C）	Ⅰ　Ⅱ　Ⅲ（A・C）
B・D 測定結果	Ⅰ　Ⅱ　Ⅲ（B・D）	Ⅰ　Ⅱ　Ⅲ（B・D）	Ⅰ　Ⅱ　Ⅲ（B・D）	Ⅰ　Ⅱ　Ⅲ（B・D）
管理区分	第1　第2　第3	第1　第2　第3	第1　第2　第3	第1　第2　第3

（2）　衛生委員会、安全衛生委員会又はこれに準ずる組織の意見

（3）　産業医又は労働衛生コンサルタントの意見

（4）　作業環境改善措置の内容

表２－５（つづき）作業環境測定結果記録表（B　特定化学物質，鉛，有機溶剤，石綿用）

作業環境測定結果記録表（B　特定化学物質、鉛、有機溶剤、石綿用）

報告書（証明書）番号

1　測定を実施した作業環境測定士

⑪ 氏名	⑫ 登録番号	実施項目の別
	－	デザイン　サンプリング　分析
	－	デザイン　サンプリング　分析
	－	デザイン　サンプリング　分析
	－	デザイン　サンプリング　分析
	－	デザイン　サンプリング　分析

2　測定対象物質等

		⑬ 種類			⑭ 名称	⑮ 製造又は取扱量
当該単位作業場所において製造し、又は取り扱う物質		特１・特２・有１・有２・鉛・石・その他				／月
						／月
						／月
⑯ 当該単位作業場所で行われる業務の概要						
⑰ 測定対象物質の名称						
⑱ 成分指数の計算	含有率（％）					
	t の値					
	成分指数	$F=$				

3　サンプリング実施日時

	日別	実施日	開始時刻（イ）	終了時刻（ロ）	時間（ロ）―（イ）
⑲ A測定	１日目	年　月　日	時　分	時　分	分間
	２日目	年　月　日	時　分	時　分	分間
⑳ B測定		年　月　日	時　分	時　分	分間

4　単位作業場所等の概要

㉑ 単位作業場所 No.		㉓ A測定の測定点の数	１日目		２日目	
㉒ 単位作業場所の広さ	m^2	㉔ A測定の測定値の数	１日目		２日目	

㉕ 単位作業場所について

（1）　有害物の分布の状況（発生源の特定、有害物の拡散状況とその範囲）

（2）　労働者の作業中の行動範囲

（3）　単位作業場所の範囲を決定した理由

１B－①

表２－５（つづき）

㉖　併行測定を行う測定点を決定した理由
㉗　Ｂ測定の測定点と測定時刻を決定した理由 （１）　発生源に近接する場所における作業 （２）　濃度が最も高くなると思われる作業位置 （３）　濃度が最も高くなると思われる時間
㉘　Ａ測定の測定点の数を５点未満に決定した理由 （１）　単位作業場所の広さ （２）　過去における測定の記録
㉘－（２）　Ａ測定の測定点の間隔を 6m 超に決定した理由 （１）　過去における測定の記録
㉙　測定に係る監督署長許可の有無 有　（許可年月日　年　月　日　許可番号　）　無

１Ｂ－②

表2－5（つづき）

５　全体図、単位作業場所の範囲、主要な設備、発生源、測定点の配置等を示す図面（５ミリ方眼）

事業場名		作業場名	

〔記号〕①、②、③……：Ａ測定点　Ⓑ：Ｂ測定点　◉：併行測定点　⊠：発生源

：囲い式フード　：外付け式フード　←：気流方向　：気流滞留状態

：上昇気流　：下降気流　：気流拡散状態　：気象測定地点

：労働者位置　：労働者移動位置　：単位作業場所の範囲

：換気扇　：扇風機　：プッシュプル

※単位作業場所の縦・横の寸法は必ず記入すること。その他必要事項については記載要領を参照。

２Ａ・Ｂ

表2－5（つづき）

6　測定データの記録（1日目、2日目）

〔A測定データ〕　〔単位：ppm・mg/m^3・ f/cm^3〕

㉚ 測定対象物質の名称											
㉛ 管理濃度等	$E_{①}$＝		$E_{②}$＝		$E_{③}$＝		$E_{④}$＝		$E_{⑤}$＝		E＝ 1
㉞ No.	㉟ $C_{①}$	㊱ $\frac{C_{①}}{E_{①}}$	㉟ $C_{②}$	㊱ $\frac{C_{②}}{E_{②}}$	㉟ $C_{③}$	㊱ $\frac{C_{③}}{E_{③}}$	㉟ $C_{④}$	㊱ $\frac{C_{④}}{E_{④}}$	㉟ $C_{⑤}$	㊱ $\frac{C_{⑤}}{E_{⑤}}$	㊲ $\sum_{i=1}^{n}\frac{C_i}{E_i}$
1											
2											
3											
4											
5											
6											
7											
8											
9											
10											
11											
12											
13											
14											
15											
16											
17											
18											
19											
20											

〔B測定データ〕

㊳												
	C_{B1}											
	C_{B2}											
	C_{B3}											

7　サンプリング実施時の状況

㊴　サンプリング実施時に当該単位作業場所で行われていた作業、設備の稼働状況等及び測定値に影響を及ぼしたと考えられる事項の概要

〔作業工程と発生源及び労働者数〕

〔設備、排気装置の稼働状況〕

〔ドア、窓の開閉、気流の状況〕

〔当該単位作業場所の周辺からの影響〕

〔各測定点に関する特記事項〕

天候		温度	℃	湿度	%	気流	～　m/s

3 B

表2－5（つづき）

8　試料採取方法等

㊶　試料採取方法	直接・液体・固体・ろ過・検知管（　　　　用）・その他（　　　　）		
㊷　捕集剤、捕集器具及び型式		㊸　吸引流量	L/min
㊹　捕集時間	分間（　分間隔）	㊼　捕集量	L

9　分析方法等

㊽　分析方法	吸光光度・蛍光光度・原子吸光・誘導結合プラズマ質量分析・ガスクロマトグラフ・重量分析・計数・**高速液体クロマトグラフ・検知管・その他（　　　　）**
㊾　使用機器名及び型式	
㊾－（2）　分析日	年　月　日～　年　月　日（　日間）

10　測定値（換算値）変換係数の決定（監督署長許可の場合のみ記入）

1日目	51　検知管指示値	ppm	53　捕集時間	分間
	52　測定値（換算値）		54　測定値（換算値）変換係数	
2日目	55　検知管指示値	ppm	57　捕集時間	分間
	56　測定値（換算値）		58　測定値（換算値）変換係数	

11　測定結果

〔単位：ppm・mg/m³・ f /cm³・無次元〕

	区　分	1日目	2日目	M及びσ
A測定	71　幾何平均値	M_1＝	M_2＝	M＝
	72　幾何標準偏差	σ_1＝	σ_2＝	σ＝
	73　第1評価値	E_{A1}＝		
	74　第2評価値	E_{A2}＝		
B測定	75	C_B＝		

12　評　価

79　評価日		年　月　日		
80　評価箇所		㉑の単位作業場所と同じ		
評価結果	81　管理濃度	E　＝		〔ppm・mg/m³・ f /cm³・無次元〕
	82　A測定の結果	$E_{A1}<E$	$E_{A1}\geqq E\geqq E_{A2}$	$E_{A2}>E$
	83　B測定の結果	$C_B<E$	$E\times1.5\geqq C_B\geqq E$	$C_B>E\times1.5$
	84　管理区分	第1	第2	第3
85　評価を実施した者の氏名				

4B

作業環境測定結果報告書の見方のチェックポイント

（報告書のどこを見ればいいのか？）

作業環境測定結果報告書の各項目に記載されている内容を的確に読みとり，作業環境改善の情報として利用すること。

1　測定を実施した単位作業場所の測定結果と評価の確認

作業環境測定結果報告書の表紙から，当該単位作業場所における次の事項を確認する。

1．測定を実施した単位作業場所の名称

2．測定した物質の名称および管理濃度

3．測定年月日

4．測定結果

2　測定を実施した単位作業場所における管理区分等の推移

作業環境測定結果報告書の「事業場記入欄」の「⑴当該単位作業場所における管理区分等の推移」により，当該単位作業場所の過去4回の管理区分の推移が確認できる。

3　測定を実施した単位作業場所の評価結果に対する作業環境改善措置等

作業環境測定結果報告書の「事業場記入欄」には，衛生委員会・安全衛生委員会，産業医，労働衛生コンサルタントの意見，作業環境改善措置の内容を記載する欄がある。この欄により，当該事業場における労働衛生関係者の当該単位作業場所に対する考え方等を確認する。

4　測定のデータの確認

・測定データの記録欄㉚，㉛，㉟，㊳により各測定点における濃度を確認する。

5　作業の内容を確認

・サンプリング実施時の状況……㊴の欄の記載からサンプリング時の作業場所の状況を確認する。

6　単位作業場所の範囲の確認

・単位作業場所の範囲を示した（図面）の内容から単位作業場所の範囲や測定位置，測定時のレイアウト，測定対象物が使用されていた場所

・単位作業場所の範囲を決定した理由……㉕からは，単位作業場所の範囲を決めた理由を確認する。

・一般に単位作業場所の範囲を狭くすると幾何標準偏差（ばらつき）は小

さくなり，広くとると，幾何標準偏差が大きくなる。

７　測定結果報告書の内容を確認したい場合

・測定を実施した測定機関（表紙に記載（略））①　②　③

・測定を実施した作業環境測定士　⑪

・評価を実施した者の氏名……㊽に問い合わせるとよい。

８　分析方法や試料採取方法を確認したい場合には，

・試料採取方法等……㊶～㊹，㊼，分析方法等……㊽～㊾にその内容が記載されている。

(6)　作業環境測定結果に対する評価に基づく措置

ア　測定結果から推測される情報

Ａ・Ｂ測定およびＣ・Ｄ測定の結果から，次のように作業環境の状況を推測することができる場合があり，このことは，環境改善を実施する上で有効な情報である。

Ａ測定またはＣ測定の結果	幾何平均値 M が大きい場合	環境管理が全体として不適切であって，作業場全体にわたって有害物質の濃度が高い。
	幾何標準偏差 σ が大きい場合	局所排気装置等が設置されていなかったり，排気能力が低く発散源近くの濃度が高い。作業方法が悪く，局所的に濃度が高くなることがある等
Ｂ測定値またはＤ測定値が大きい場合		局部的に濃度の高いところがある。投入作業，塗装作業等で作業方法が悪かったりする場合等

イ　評価区分の意味

作業環境測定結果の評価区分の意味を十分理解しておくことが大切である。

作業環境測定結果の評価区分の意味

第１管理区分	Ａ測定またはＣ測定の結果から環気中濃度が時間的にも空間的にも管理濃度を超える可能性が極めて少ない（５％未満）と考えられ，かつ，Ｂ測定値またはＤ測定値が管理濃度より低い。
第２管理区分	Ａ測定またはＣ測定の結果から環気中濃度が管理濃度を超える可能性が５％以上50％以下であって，Ｂ測定値またはＤ測定値が管理濃度の1.5倍以下である。
第３管理区分	Ａ測定またはＣ測定の結果から環気中濃度が管理濃度を超える可能性が高い（50％を超える）か，もしくは，Ｂ測定値またはＤ測定値が管理濃度の 1.5 倍を超える状態

ウ　管理区分と評価に対する措置

作業環境測定結果に基づく評価の結果，管理区分に応じて次の措置をとる。

管理区分	評価に対する措置
第1管理区分	現状の管理を続け第1管理区分を維持する。
第2管理区分	1　施設，設備，作業工程，作業方法の点検を行い，その結果に基づき，施設または設備の設置または整備，作業工程または作業方法の改善等の措置により，第1管理区分になるように努める。 2　測定結果の評価の記録および作業環境を改善するために講ずる措置を労働者に周知しなければならない。
第3管理区分	**第3管理区分に区分された場合の措置（特化則第36条の3）** 1　直ちに施設，設備，作業工程，作業方法の点検を行い，その結果に基づき，施設または設備の設置または整備，作業工程または作業方法の改善等の措置により第1または第2管理区分になるようにする。 2　改善効果確認のための濃度の測定をし，その効果を確認する。 3　労働者に呼吸用保護具を使用させるほか，健康診断の実施その他労働者の健康の保持を図るために必要な措置を講ずる。 4　測定結果の評価の記録，作業環境を改善するために講ずる措置および改善効果確認のための濃度の測定結果と評価結果を労働者に周知しなければならない。 **第3管理区分に区分された場合の措置（特化則36条の3の2）** 1　当該作業場所の作業環境の改善の可否等，および可能な場合の改善方法について，「作業環境管理専門家」（当該事業場に属さない者でなければならない）の意見を聴く。 2　当該作業場所の作業環境の改善が可能な場合，第1，第2管理区分になるように必要な改善措置を講ずる。 3　当該改善措置の効果を確認するために濃度測定を行い，その結果を評価する。 （作業環境管理専門家が改善困難と判断した場合，および改善後の評価結果がなお第3管理区分に区分された場合）

	4　個人サンプリング法等による化学物質の濃度測定（労働者の身体に装着する試料採取機器等を用いて行う作業環境測定（C測定，D測定，個人ばく露測定等）を行い，その結果に応じて労働者に有効な呼吸用保護具を使用させる（呼吸用保護具は，要求防護係数を上回る指定防護係数を有するものでなければならない）。 5　個人サンプリング法の結果に応じた呼吸用保護具が適切に装着されていることを確認するフィットテストを行う。 6　保護具着用管理責任者を選任し，呼吸用保護具に関する事項を管理させる（保護具着用管理責任者はマスクだけでなく，防護手袋など様々な保護具の管理を行う）。 7　作業環境管理専門家の意見の概要，ならびに作業環境改善の措置および評価の結果を労働者に周知する。 8　上記措置を講じたときは，遅滞なく所轄の労働基準監督署に届け出る。

また，塩素化ビフェニル（別名PCB），アクリルアミド，エチルベンゼン，エチレンイミン，エチレンオキシド，カドミウム化合物，クロム酸塩，五酸化バナジウム，水銀もしくはその無機化合物（硫化水銀を除く。），塩化ニッケル（Ⅱ）（粉状の物に限る。），スチレン，テトラクロロエチレン（別名パークロルエチレン），トリクロロエチレン，砒素化合物（アルシン及び砒化ガリウムを除く。），ベータ-プロピオラクトン，ペンタクロルフェノール（別名PCP）もしくはそのナトリウム塩またはマンガンの作業環境測定の結果が第3管理区分であるときには，作業環境改善等によって第3管理区分でなくなるまでの間，母性保護の観点から，すべての女性労働者の就業が禁止される（労働基準法第64条の3，女性労働基準規則第2条および第3条）。

なお，これら17種類の特定化学物質を取り扱う業務で呼吸用保護具の使用が義務付けられている業務についても同様に女性労働者の就業が禁止されている（労働基準法第64条の3，女性労働基準規則第2条および第3条）。

エ　改善効果の測定

測定結果の評価が第3管理区分となった場合は，作業環境の改善に必要な措置を講じ，その作業場所の管理区分が第1管理区分または第2管理区分になるようにしなければならない。このため改善を実施した後，その効果を判断するため作業環境測定を実施することが必要である。この場合，測定結果報告書の適当な場所に改善内容を記載しておくのがよい。

留意事項

作業環境測定の結果報告書の見方を参考に現場の作業を観察し，記載の内容と実態とが異なっていないかどうかをまず確認する。もし内容が実態と異なっていたり，不審な点があれば，担当の作業環境測定士に問い合わせ確認すること。

次に測定結果の評価に対する改善措置について，現場の作業を十分踏まえ関係者の間で検討し，最も有効な方策を実施に移す。改善効果が十分確認できるまで，衛生管理者や産業医と相談し作業者への健康影響を防止するための措置を講じておくことが重要である。

以上のように作業環境管理は，作業環境測定士にすべてを任せないで，現場の作業を最もよく知っている作業主任者が積極的に関与することが大切である。

◆学習の確認◆

1　作業環境測定結果報告書のどこに幾何平均濃度や幾何標準偏差および評価結果が記載されていますか？

2　作業環境測定結果は，どのように評価されますか？　第２，第３管理区分に評価されている場合，Ａ測定結果，Ｂ測定結果のいずれによって管理区分の評価が決まったのでしょうか？　その原因は何にあると考えますか？

3　作業環境測定結果とその評価を毎回確認し，第３管理区分に評価された場合，改善措置を実施し，その結果を評価していますか？

4　作業環境測定の評価結果が第２，第３管理区分に評価された場合，測定結果の評価の記録や作業環境を改善するために講ずる措置を労働者に周知していますか？

5　作業者にサンプラーを装着する事を事前に説明していますか。また，作業に影響ない装着になってますか？

6　化学物質の個人ばく露測定と個人サンプリング法の違いは分かりますか？

オ　簡易測定

作業環境の有害物濃度を手軽に測定できる方法の一つに「検知管法」がある。一般に使用されている検知管には，北川式検知管とガステック検知管等がある。

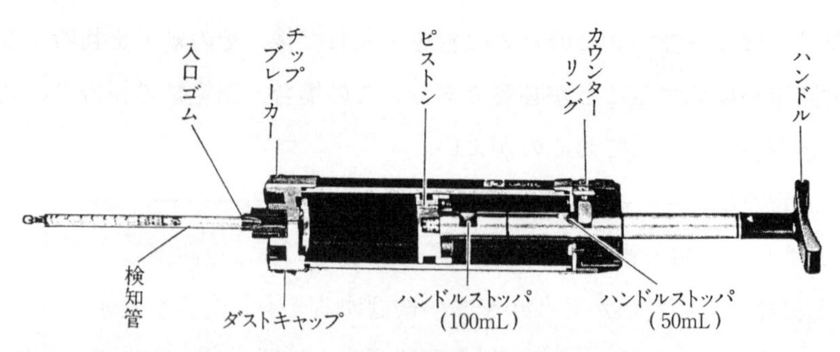

図２－８　真空式ガス採取器（ガステック例）

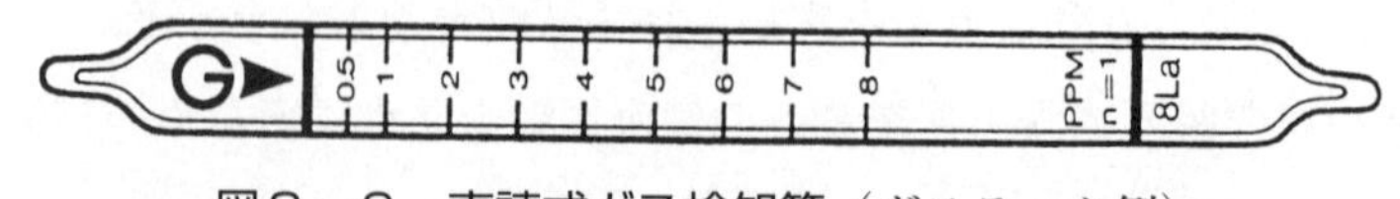

図２－９　直読式ガス検知管（ガステック例）

これらの測定原理はほぼ同じである。測定対象ガスを含む試料空気を検知管を通して吸引すると，対象物質のガス濃度に応じて検知剤が反応し変色する。一定試料ガスを一定時間かけて吸引して生じる変色層の長さは，対象ガスの濃度との間に一定の関係があることから，変色層の長さから濃度を測定することができる。長さから濃度を求める方法には，管に記された目盛で直接濃度を読みとる直読式（図２－８および図２－９参照）と，濃度表に管をあてて濃度を読みとる濃度表式とがある。

この原理を活用して，作業環境中の有害物質の濃度を求めるため検知管を利用して，作業環境の改善効果の概要を確認したり，新たに作業を開始する場合に環境濃度がどの程度になるかを知ることができる。検知管は作業主任者にも簡単に使用できるので，有効な活用が望ましい。

留意事項

検知管の使用にあたっては，次のことに注意する。

1　種類によって実際の濃度より高い値や低い値を示す原因となる妨害物質がある。

2　湿度や温度によっては濃度の補正をしなければならないことがある。

3　有効期限があり期限内に使用すること。

4　保存は，冷暗所にすること。

5　吸引するポンプには，吸引量（100mL）や吸引時間（吸引速度）が調整されている専用のポンプを使用すること。

6　その他検知管を用いて測定を実施する場合は，事前に取扱い説明書を確認しておくこと。

◆学習の確認◆

使用している特定化学物質の簡易測定方法を知っていますか？　また，その方法で測定したことがありますか？

カ　二次飛散防止措置等

作業環境を良好に保持するためには，発散源に対する措置のみでなく，一度飛散した物質の二次飛散の防止等の措置をとることも大切である。二次飛散を防止するためには，次のような点に注意する。

①　飛散した床，装置の上等に堆積した粒子状有害物質への対応
②　払拭したウエス等有害物が付着したものの作業場内放置
③　原料等の入っていた袋や容器に付着した有害物質の放置
④　排液や有害物質の付着した製品の処理
⑤　その他

これらはとかく見落とされやすい部分であり，現場を管理している作業主任者が十分気を付けなければならない点である。

(7)　金属アーク溶接等作業中に発生する溶接ヒュームの濃度の測定

令和３年４月１日から溶接ヒュームが特定化学物質に追加された。作業環境測定の義務付けはないが，金属アーク溶接等作業を継続して行う屋内作業場については，新たな金属アーク溶接等作業の方法を採用しようとするとき，または，作業の方法を変更しようとするときには，当該金属アーク溶接等作業に従事する労働者の身体に装着する試料採取機器を用いて行う測定（以下「個人ばく露測定」という。）による空気中の溶接ヒュームの濃度の測定が義務付けられた。

測定方法は「金属アーク溶接等作業を継続して行う屋内作業場に係る溶接ヒュームの濃度の測定の方法等」（令和２年厚生労働省告示第 286 号）が示されており，第１種作業環境測定士に実施させるか作業環境測定機関へ委託するなど十分な知識と経験を有する者に測定を実施させるべきであるとされている。

ア　試料採取器の採取口の位置

試料採取器（サンプラー）の採取口は，労働者の呼吸する空気中の溶接ヒューム濃度を測定するために，図２－10のように労働者の呼吸域に装着する必要が

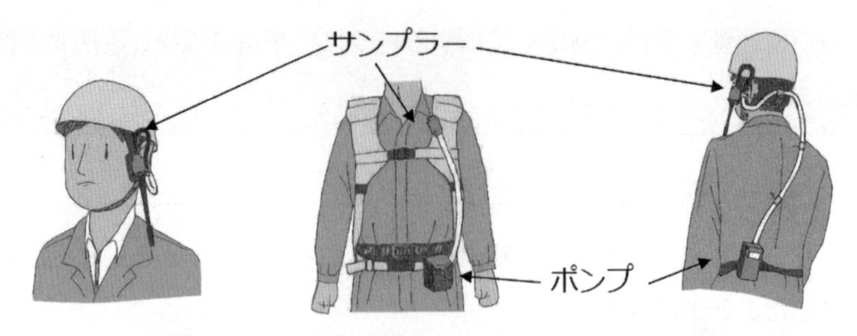

図２－10　試料採取器（サンプラー）取付け例

ある。溶接面が使用される場合には，溶接面の内外では溶接ヒューム濃度が大きく異なるため，溶接面使用時に，採取口が溶接面の内側に位置するように留意する必要がある。

イ　測定対象者

試料採取機器の装着は，原則として労働者にばく露される溶接ヒュームの量がほぼ均一であると見込まれる作業（均等ばく露作業）ごとに，均等ばく露作業に従事するすべての労働者が対象であるが，作業内容等の調査結果から均等ばく露作業におけるばく露状況の代表性を確保できる方法により抽出したそれぞれ２名以上の適切な数の労働者とすることができる。ただし，金属アーク溶接等労働者が１名の場合は，必要最小限の間隔を置いた２作業日で測定を行うことで，２名以上の測定を行ったこととすることができる。

ウ　測定時間

測定時間は，サンプリングを行う作業日の労働者が金属アーク溶接等作業に従事する全時間で，サンプリング時間を短縮することはできない。この「労働者が金属アーク溶接等作業に従事する全時間」には，溶接作業の合間に行われる溶接準備作業や研磨作業，溶接作業後の片付け等の関連作業が含まれる。ただし，金属アーク溶接等作業と関連しない形で行われる組立や塗装作業等は含まれない。金属アーク溶接等作業が断続して行われる場合には，サンプリングを断続して行うことになるが，１名の労働者について，複数の測定値が得られた場合には，測定時間に対する時間加重平均濃度をその労働者の測定結果とする。

エ　サンプリング

サンプリングは，作業環境測定基準第２条第２項の要件に該当する分粒装置を用いるろ過捕集方法またはこれと同等以上の性能を有する試料採取方法とされている。この方法でサンプリングを行うと，レスピラブル（吸入性）粉じん（分粒特性が4 μm50％カットである粉じん）を捕集することが可能である。

オ　分析方法

マンガンを分析対象として，吸光光度分析方法もしくは原子吸光分析方法またはこれらと同等以上の性能の分析方法により行うとされている。

また，測定結果から呼吸用保護具の要求防護係数を計算する必要があることから，定量下限値がマンガンとして0.05mg/m^3の10分の1以下となるようにしなければならない。

カ　測定結果の記録

測定を行ったならばその都度，**表2－6**の事項を記録し，当該金属アーク溶接等作業を行わなくなった日から3年を経過するまで保存しておかなければならない。

キ　測定結果に応じた措置

測定結果がマンガンとして0.05mg/m^3を上回った場合には，換気装置の風量の増加または溶接方法，母材もしくは溶接材料等の変更による溶接ヒューム発生量の低減，集じん装置による集じんもしくは移動式送風機による送風の実施など必要な措置を講じなければならない。ただし，同一事業場で類似の金属アーク溶接等作業を継続して行う屋内作業場において，当該作業場で行った測定結果に応じて換気装置の風量の増加等の措置を十分に検討した場合であって，その結果を踏まえた必要な措置をあらかじめ実施しているときには，さらなる改善措置を求めていない。

また，測定結果に応じた措置を講じたときは，その効果を確認するために，再度，個人ばく露測定により，空気中の溶接ヒュームの濃度の測定を行わなければなら

表2－6　溶接ヒュームの濃度の測定結果の記録事項

1	測定日時
2	測定方法
3	測定箇所
4	測定条件
5	測定結果
6	測定を実施した者の氏名
7	測定結果に応じて改善措置を講じたときは，当該措置の概要
8	測定結果に応じた有効な呼吸用保護具を使用させたときは，当該呼吸用保護具の概要

ない。また，その結果に応じて，作業者に有効な呼吸用保護具を使用させ，その使用している呼吸用保護具が適切に装着されていることを確認するために，マスクフィットテストを１年以内に１回行う必要がある。

２－３　局所排気装置，用後処理装置の設置および維持管理

⑴　局所排気装置等の設置の着眼点

ア　局所排気装置の概要

局所排気装置（以下「局排」という。）は，生産工程において生じた粉じんやガス，ヒューム等が作業環境に拡散する前に捕捉除去して作業者を保護するための設備である。

発散源から有害物が拡散する前に捕捉し排除する設備を局排，空気中から有害物を除去する設備を除じん装置，ガス処理装置といい，これらの装置で回収された有害物およびプロセスからの排出される物質を無害化処理する設備を用後処理装置といっている。

局排の使用目的から最も大切なことは有害物を捕捉する能力であり，これを達成するため関わりの強いのがフードである。特定化学物質等の発散源から最も離れた作業位置でも対象物質がフードへ吸引されるような風速が出るように設計するのが一般的である。この方法は制御風速方式と呼ばれ設計計算が比較的容易である。

イ　局排の構造要件

局排は，それぞれの作業に対し十分な性能をもち，適切な構造でなければならないが，その最低要件は次のとおりである。

㈠　フード

フードは，粉じん，ヒューム等の発散源ごとに設け，かつ，作業方法や有害物質の発散状況に適した形式と大きさであること。発散源にできるだけ近い位置に設けられていなければならない。

フードを発散源とフードの位置関係および有害物の発散状況に応じて分類し，それぞれの特徴等を述べると次のとおりである。

<table>
<tr><th colspan="2">フード形式</th><th>構造概要</th><th>特　　　徴</th></tr>
<tr><td rowspan="4">外付式</td><td>円　形　型</td><td>フード開口面の形状が円形である。
発散源の直近側面主として反作業者側にフードを設置する。</td><td>作業性を損なわずにフードの設置ができるので適用範囲が広い。
外部からの風（窓，扇風機，モータの冷却ファン等）によって乱され吸引能力が極端に低下する。</td></tr>
<tr><td>長　方　形　型</td><td>フード開口面の形状が長方形である。
設置方法は円形型に同じ。</td><td>発散源から少し離れただけで吸引能力が極端に低下する。下図においてフードＡは制御距離Ｘで排風量がＱとすれば，２Ｘの距離にあるフードＢでは４Ｑの排風量が必要になる。（距離の２乗に比例して風量が増える。）</td></tr>
<tr><td colspan="2">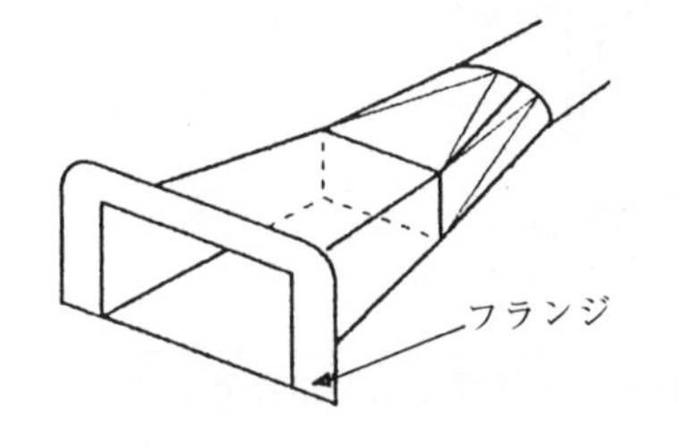

上図は作業台などの上に設置した長方形型フランジ付フードの例である。フランジを付けるとフード後方の余分な空気を吸い込まなくなるので性能が向上する。</td><td>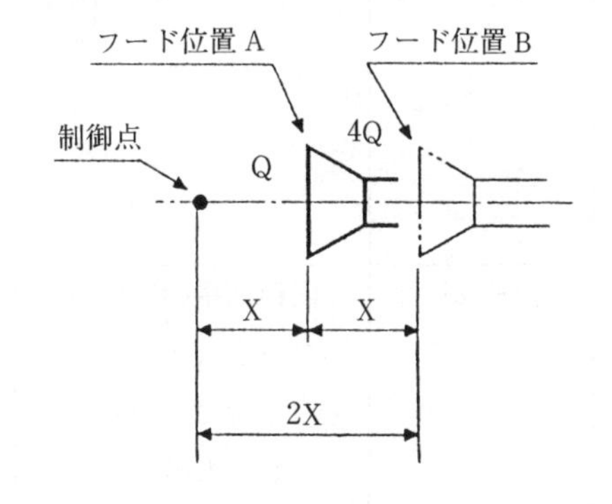

制御点が遠いと風速を速くしなければならず，フードの近くの粉体等原料を多量に吸い込んでしまうおそれがある。</td></tr>
<tr><td colspan="2">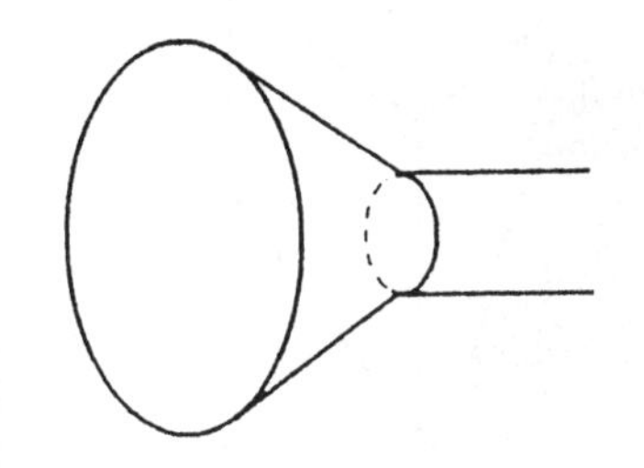</td><td>左図は自由空間に設置した円形型フードである。簡単に製作できるので多く用いられているようであるが，上で解説したように制御点（発散源）との距離に注意しないと有害物を捕捉する効果は上がらない。</td></tr>
</table>

	フード形式	構造概要	特　　徴
外付式	グリッド型	発散する有害物が下方に流れるように吸引する。	テーブル上における作業や床面での作業など，作業者が下向きの姿勢になる場合に適する。 下方からの吸引が効果的である場合に用いる。
		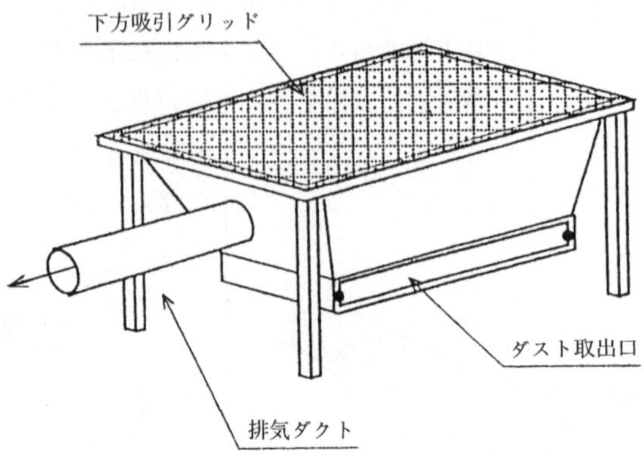 下方吸引グリッド ダスト取出口 排気ダクト	
	ルーバ型	開口面積の広い長方形フードなどにルーバを取り付け，流れを均一化したもの。	ルーバを付けても制御距離が伸びるわけではないが，フード開口面において比較的均一な吸引風速が得られる。
		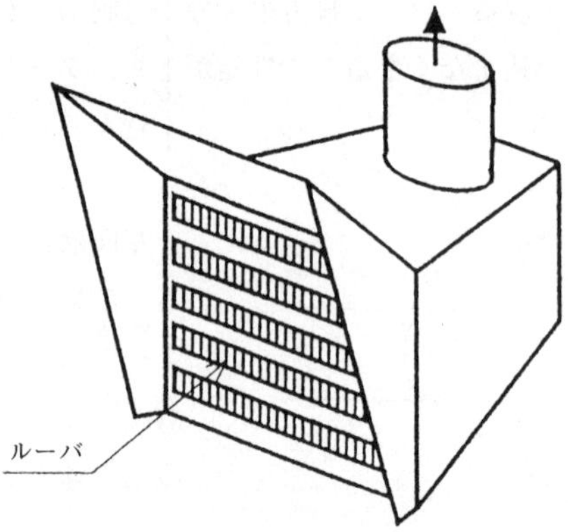 ルーバ	

フード形式		構造概要	特　　　徴
外付式	スロット型	長方形型フードで縦横比が0.2程度以下の細長い形状のもの。	容器，槽等の縁に取り付け，液面などから蒸散するガスの吸引に適するが，制御距離は短いから取扱いに注意を要する。
		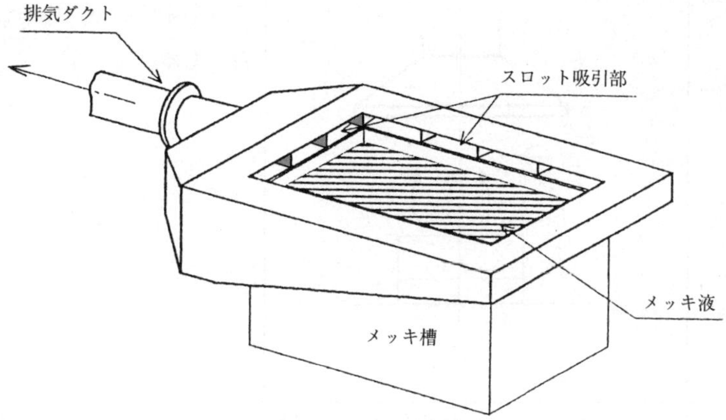 排気ダクト スロット吸引部 メッキ液 メッキ槽	
レシーバ式	カバー型	回転体から発散する慣性気流を受け取るような形のもの。	グラインダのフードとして用いられる。
		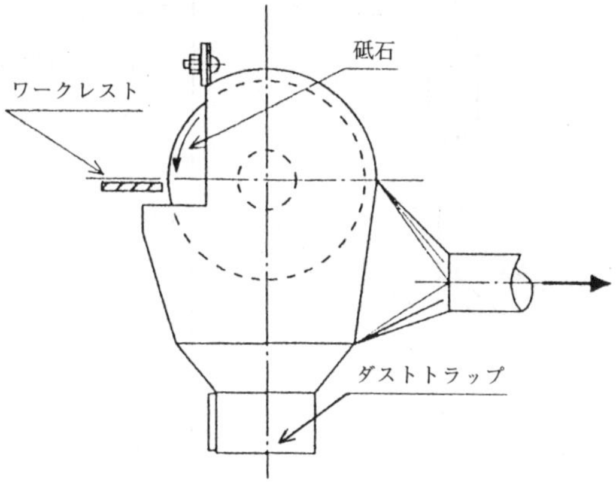 砥石 ワークレスト ダストトラップ	

フード形式		構造概要	特　　徴
レシーバ式	キャノピ型	発散源の上方にフードを設置し，上方に吸引する。 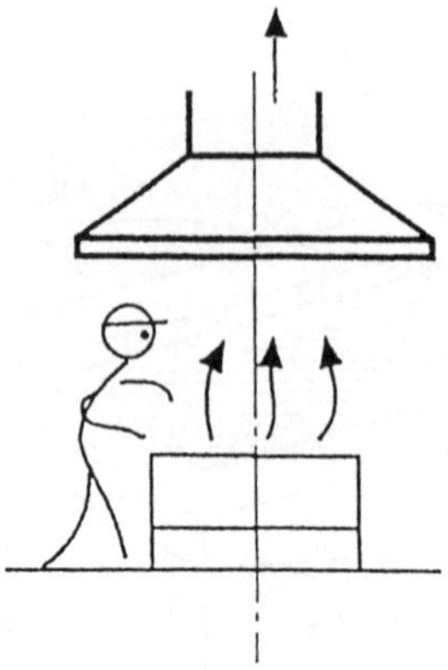	炉から発散するヒューム等，熱上昇気流に乗って拡散する有害物の吸引に適する。 構造的に発散源とフードとの間に顔が入り込みやすいので，作業者の保護にならない場合がある。
囲い式	カバー型	発散源をカバーで囲うような構造のフード。 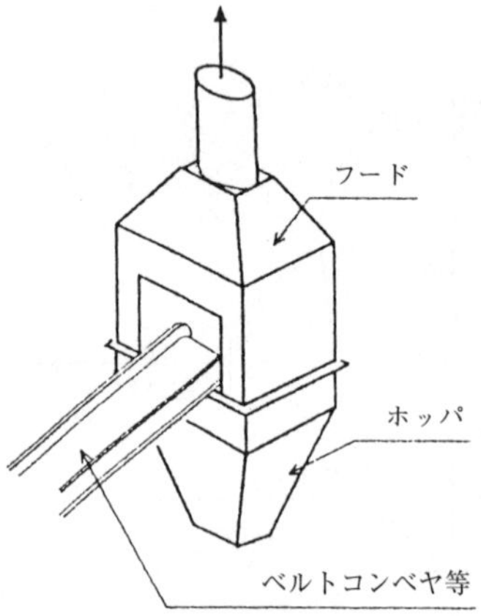	フードの外側の乱れ気流の影響を受けにくいため，他の形式のフードに比べて最も安全である。 排風量が少なくて済むので省エネの効果もある。 発散源を囲ってしまうため，作業しにくいことがある。 作業性を考慮すると設計が難しい場合もあるが，フードとしての効果は最もよいので，なるべくこの形式のものを適用するのがよい。

フード形式		構造概要	特　　徴
囲い式	ドラフトチャンバ型	発散源が完全にフードの内部にあるもの。	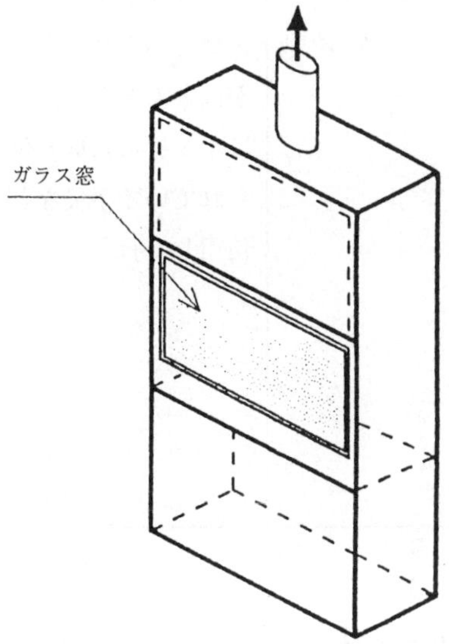
	建築ブース型	ドラフトチャンバ型の大型のもの。	塗装ブースに多く用いられているが，作業者がフードの内部に入り込むと作業者の保護にならないので注意を要する。 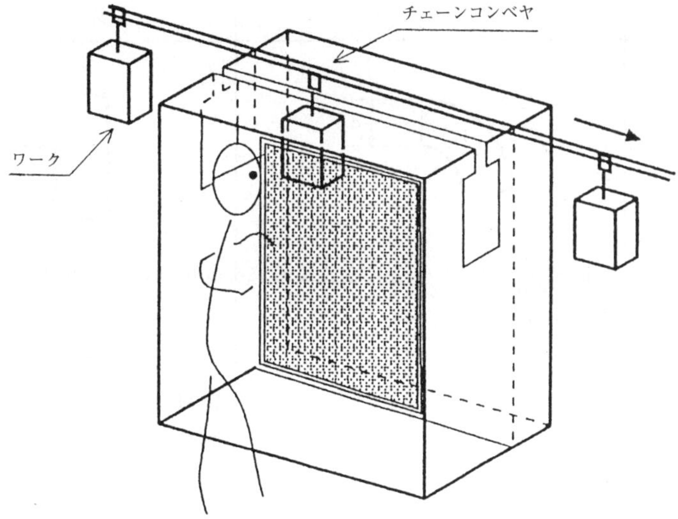

フード形式		構造概要	特　　徴
囲い式	グローブボックス型	ドラフトチャンバ型に似ているが，開口部がほとんどなく，作業はボックスに取り付けられている手袋などを使用して行う。	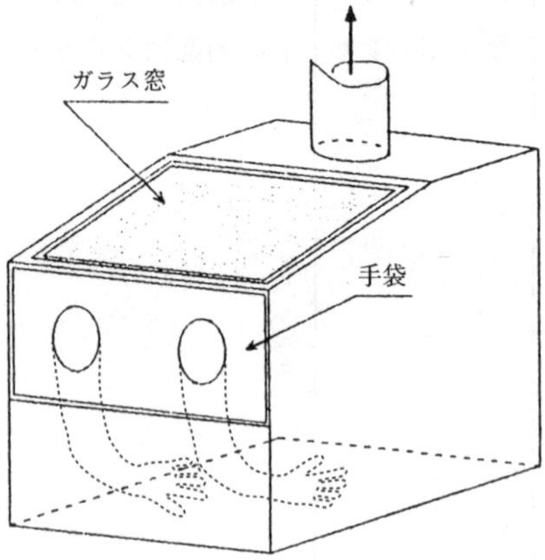

(イ)　ダクト

ダクトはできるだけ短く，ベンド（曲がり）が少なくなるように配置し，適当な箇所に掃除口を設けておくようにする。各種のセンサ取り付けなど保守管理や制御に必要なものを除き，接続部の内面には可能な限り突起物がないようにする。次に比較的まちがいを起こしがちなダクトの構造について示す。

部位名	良　い　例	悪　い　例
ベンド	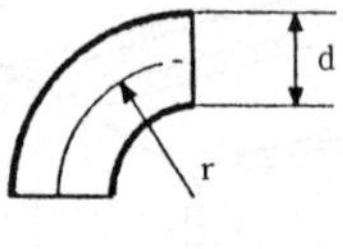 曲率 $\frac{r}{d}$ を1.5～2になるように設計する。	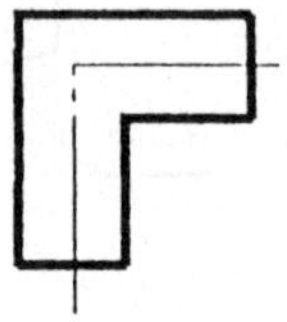 直角ベンドは抵抗が大きく好ましくない。しかし，摩耗性の大きい鋳物砂などを多量に処理する場合には，直角ベンドのほうが圧損が少なく，耐摩耗性も向上するので，採用する場合もある。

部位名	良い例	悪い例
リデューサ	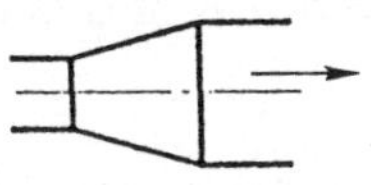 なるべく緩やかな角度で拡大または縮小すること。	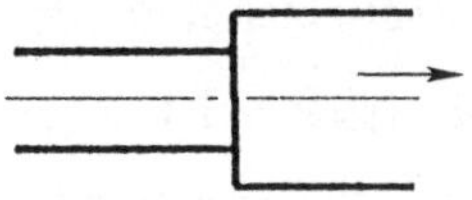 急な段差は抵抗が大きくなり，かつ粉じんの堆積を起こしやすい。
合流ダクト	なるべく緩やかな角度で合流させる。	合流後のダクト内風速は合流前とほぼ同じにする。
	3本以上のダクトが合流する場合には，それぞれのダクトが互いに干渉しないように交互に接続する。	合流ダクトが干渉し合って粉じんによる閉塞を起こしやすい。特に繊維状粉じんの場合には注意を要する。

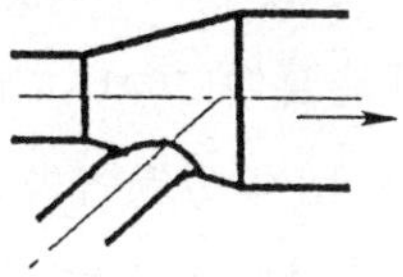

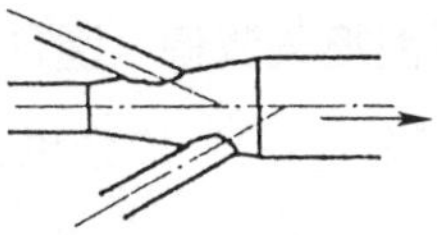

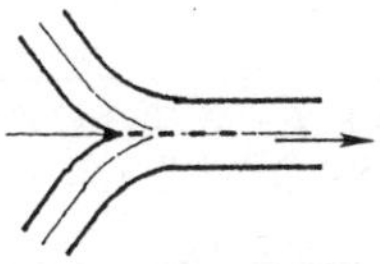

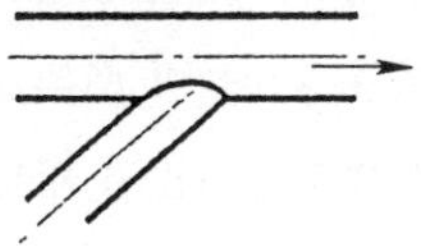

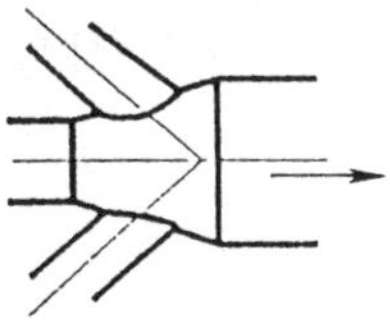

⑼　ファン

ファンにはなるべく清浄な空気を流すことが好ましい。したがって，特別な事情がない限り，清浄後の空気が通る位置に設置するようにする。

⑽　排気口

排気口は屋外に設ける（有機溶剤中毒予防規則（以下「有機則」という。）では排気口を屋根の上1.5m以上の高さのところに設けることが義務付けられている。）。この主旨は屋根の表面の乱れ気流によって，屋外に排出された有害物が再び屋内に還流してくることを防止するためであり，特化則にはこの規定はないが，特定化学物質についてもこの方法を準用することが好ましい。

ウ　プッシュプル型換気装置

プッシュプル型換気装置とは，一様な捕捉気流（有害物の発散源またはその付近を通り，吸込み側フードに向かう気流であって，捕捉面での気流の方向および風速が一様であるもの）を形成させ，当該気流によって発散源から発散する有害物を捕捉し，吸込み側フードに取り込んで排出する装置である。プッシュプル型換気装置は，安衛令第15条第9号の厚生労働省令で定めるものの他に，プッシュプル型局所換気装置（開放槽用），プッシュプル型しゃ断装置に分類されるものがある（図2－11）。

① プッシュプル型換気装置は，一般に局排に比べて，低い速度で有害物質を捕捉し排出できる反面，吹出し気流と吸込み気流のバランスが重要なことから，その設計，維持管理が重要である。

プッシュプル型換気装置の構造，性能要件については，平成15年労働省告示第377号（改正平成18.2.16付，平成18年労働省告示第58号）および昭和54年基発第645号（改正平成16.3.19付）に示されている。

② 平成15年労働省告示第377号に基づくプッシュプル型換気装置は，ブースの有無により開放式のプッシュプル型換気装置（図2－12（a））と密閉式のプッシュプル型換気装置（図2－12（b））に分類され，また，昭和54年

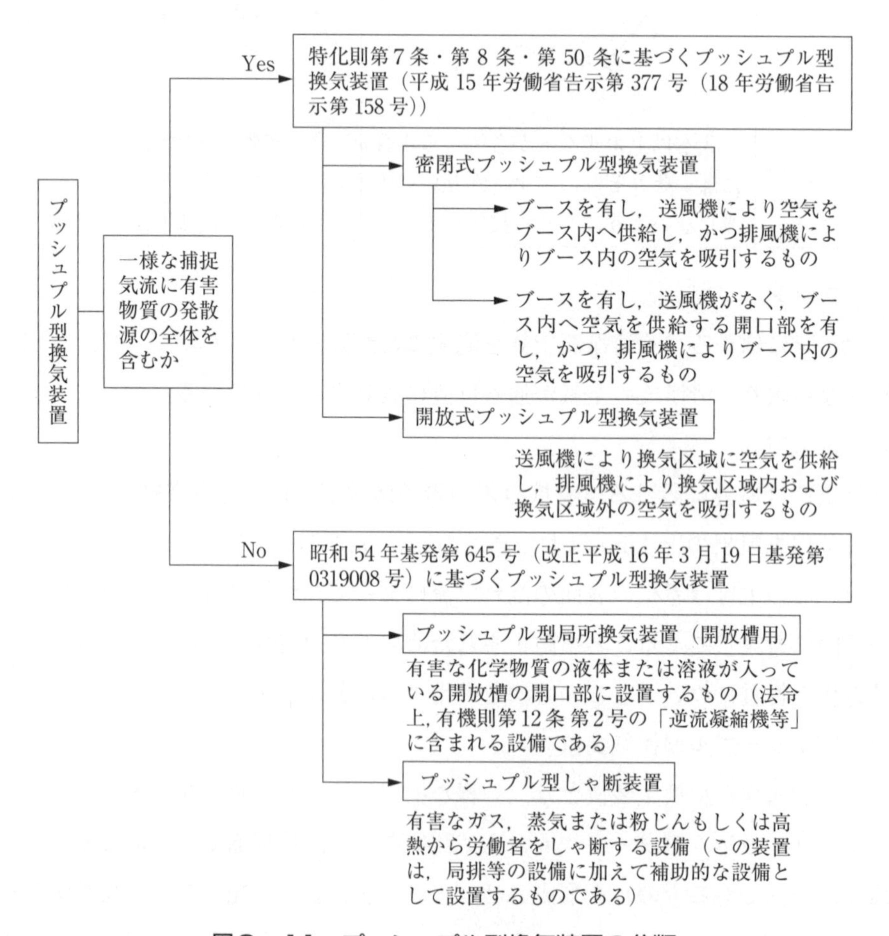

図2－11　プッシュプル型換気装置の分類

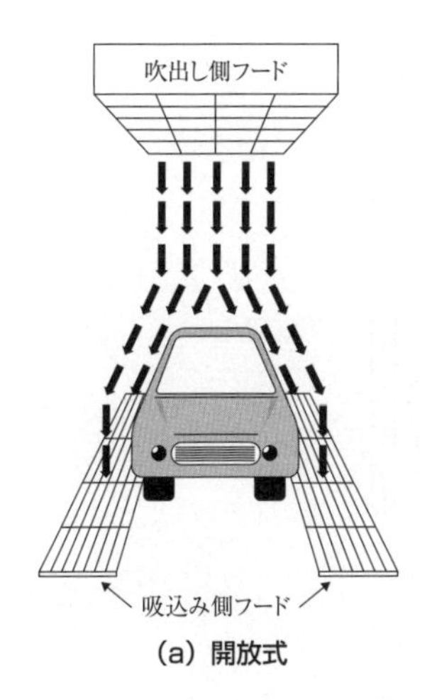

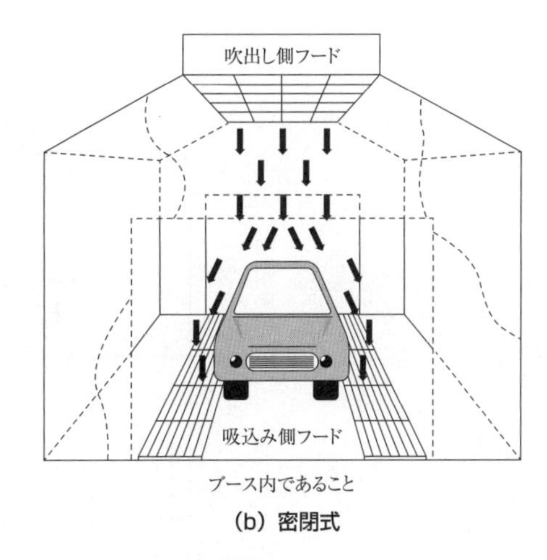

図2－12　プッシュプル型換気装置

基発第645号に基づくプッシュプル型換気装置には，有害な化学物質の液体または溶剤が入っている開放槽の開口部に吹出し・吸込みフードを設置するプッシュプル型局所換気装置（図2－13）とプッシュプル型しゃ断装置（図2－14）がある。

③　作業者が，有害物の発散源から吸込み側フードへ流れる空気を吸入するおそれがない構造にする必要がある。

エ　局排等設計の基本と施工管理

局排等設計の基本となる計算式等は参考書(注)に譲ることとし，ここでは局排

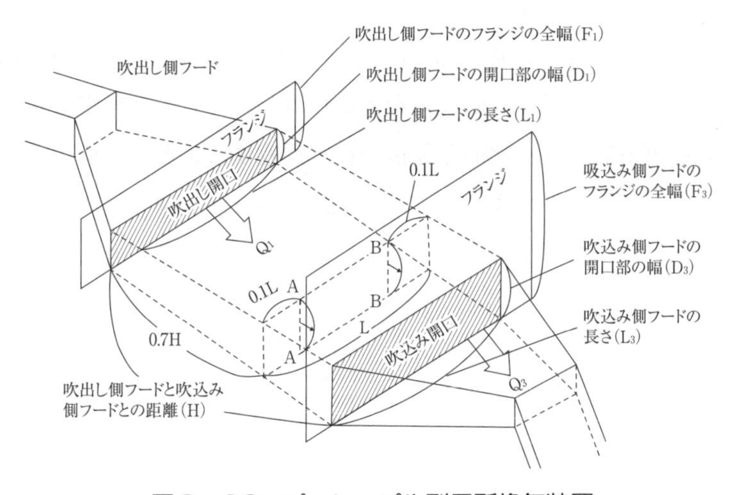

図2－13　プッシュプル型局所換気装置

(注)　沼野雄志「新　やさしい局排設計教室」（中央労働災害防止協会）

図2－14　プッシュプル型しゃ断装置

の設置計画にあたっての主な留意点について述べる。

(ア)　局排の設置計画および届出

局排は発散源となる機械（装置）とそれを操作する作業者に深く関わりをもつものであるから，当該作業を十分に理解した上で設計することが重要である。作業性が悪いと使いものにならないことさえある。以下局排の設置計画の原則を述べる。

①　有害物発散源の確実な把握

有害物の発生箇所，その飛散方向，ガス，粉じん等の物理的，化学的性状などを確実に把握しておく。

機械等からの直接的な発生源だけでなく，床にこぼれ落ちた原材料，空になった原材料の袋，作業者の衣服・靴などに付着した粉じん，梁などに堆積している粉じんの再飛散など二次的な発散源にも注意すること。このような二次的な発散源は粉じんの場合によく見られる現象であるが，揮発性の液体原料や溶剤等の空き缶，ウエス，塗装直後の製品なども大きな発散源となることに注意する必要がある。

②　フードの設計

作業性を十分考慮に入れフードを設計する。そのためには，熟練作業者との十分な打ち合わせが必要になる。しかし，作業性のみにとらわれると局排の機能が発揮できないことが起こり得るので，安易な妥協は禁物である。場合によっては，局排のみに頼ることなく，生産設備，作業方法の改善など生産の基本にまで立ち入って検討をする必要がある。

③　有害物の処理方式の選定と後処理の方法の決定

フードで吸引された有害物を処理することなく屋外に放出すると，環境汚染の原因ともなるので，適切な処理をして放出しなければならない。それぞれの物質に適応する処理方法は数多くあり，これらの中から最も適した方法を選び出すには，かなりの経験を必要とするので，専門家と相談すること。また，回収された物質の後処理の方法を考慮しておかないと局排運転開始後に問題を起こすおそれがあるので，下記の事項に特に注意すること。

a　粉じんの場合

回収される量の推定：回収量によっては，自動取出し装置，後処理装置まで製作する必要が出てくる

粉じんの取り出し周期：連続取出しか，間欠取出しか。また，回収した粉じんの運搬方法

回収後の粉じんの処理：再使用か廃棄処分か，その場合の廃棄方法

b　ガスの場合

洗浄液等の消費量：洗浄液の補給計画

排液の処理方法：自社処理か，廃棄物処理業者への委託か

④　有害物処理装置の設置場所とダクト経路の決定

有害物の発散源と処理装置とを結ぶダクトはなるべく短く，かつ，曲がりが少なくなるようにする。

⑤　各部の性能計算，排風機および電動機の選定

計算はかなり専門的になるので，参考文献を参照すること。

⑥　給排気総量等への配慮

局排から屋外に排出される空気量によっては冷暖房に意外に大きな負荷となることがあるので，空調を行っている工場や寒冷地での冬季の排気には十分注意する必要がある。そのほか，狭い空間に設置した局排では，その空間の全体換気回数が極めて大きくなり，作業場内に激しい乱れ気流を起こすおそれがあるので，給気方法（給気装置）の検討も必要になる。

⑦　安全装置の組み込み計画

地震，台風，積雪，凍結等に対する対策および粉じん，ガスの化学的性状に基づく発火，爆発対策を考慮すること。その他必要に応じて，腐食防止対策，装置各部の異常警報検出器の要否などを検討すること。

⑧　防食対策

特定化学物質の中には，腐食性をもつ物質が多いので，装置材料を耐食性と経済性の両面から十分吟味して選定する必要がある。耐食性のみを考えるより場合によっては一部の部品は消耗品として，定期的に交換するようにしたほうが経済的なこともある。

また，防食対策には材料の選定が最も大切であるが，経済性を無視することはできないので，ライニングなどの防食処理，電気的防食などの手法が用いられる。ここでは，防食材料の選定にあたっての要点について述べる。

装置材料はその置かれる環境条件によって，腐食の進行が著しく早く，装置の寿命に影響する。したがって，その環境に耐える材料を使用する必要がある。一般に耐食性の良い材料は高価である。局排で使用できる材料としては経済性を含めて考えた場合，その範囲はかなり狭くなる。軟鋼，ステンレス鋼，アルミニウム，チタン，銅，鉛，各種プラスチック類，セメント，セラミック等であり，このうち鉛は有害性があるため，最近ではほとんど用いられなくなった。また，同一材料でも耐食性は，対象物質の濃度，温度，共存物質（特に水分や塩素イオン）の有無によっても著しく変わるので，文献のみによる選定でなく，経験や材料を環境にさらすフィールド試験を行うとよい。一般には金属材料は機械的強度が高く，比較的高温にも強いが，耐薬品性には劣ることが多い。逆にプラスチックは熱には弱いが耐薬品性には優れており，セラミックは超高温，耐薬品性が際立って良好である。素材ごとの特性を組み合わせた複合材料や耐食材料をライニングする等の手法も用いられる。

腐食速度は１年間の侵食深さ（mm/ 年）で表す方法が一般的である。**表２－７**および**表２－８**に常温における各種材料の耐薬品性の傾向を示す。

通常の条件では，○印は良好（0.05 ～ 0.1mm/ 年），△印は注意して使用可能（0.1 ～ 0.5mm/ 年），×印は使用不可（1mm/ 年）と見てよい。

⑨　計画の調整と見積計算

技術的な検討のほか局排運転の電力，処理薬剤，消耗品，廃棄物処理費，局排の検査・点検費用，修理費などをも含め，局排のランニングコストも試算しておく必要がある。

⑩　計画の届出

局排の設置届（摘要書等）は設置 30 日前までに所轄労働基準監督署へ提出する。

表2－7　主要金属材料の各種薬品に対する耐食データ

主要薬品名	軟鋼	SUS304	SUS316	アルミ	チタン	銅
亜硝酸	×	△	△	×	○	×
亜硫酸	△	△	○	×	○	○
塩酸	×	×	×	×	△	×
塩素（乾）	△	△	△	×	△	×
塩素（湿）	×	×	×	×	×	×
クロム酸	×	△	△	×	○	×
硝酸	×	△	○	△	○	×
二酸化硫黄	×	△	○	×	○	×
三酸化硫黄	×	△	○	×	○	×
硫酸（希）	×	×	△	×	○	×
りん酸	×	△	△	×	○	○
弗化水素酸	×	×	×	×	×	×
弗素	○	○	○	×	×	×
アンモニア水	○	○	○	○	○	×
苛性カリ	△	△	△	×	○	×
苛性ソーダ	○	△	○	×	○	△
消石灰	△	△	△	×	○	×
水酸化マグネシウム	△	△	△	×	○	×
海水	△	△	○	×	○	△
亜硫酸ソーダ	△	○	○	×	○	×
塩化アルミニウム	×	×	×	×	×	×
塩素酸カリ	△	△	△	×	○	×
過マンガン酸カリ	△	△	△	×	○	×
重クロム酸カリ	△	○	○	×	○	×
硫酸第一鉄	×	△	△	○	○	×
硫酸銅	×	△	○	×	○	○
みょうばん	×	△	△	×		
アセトン	○	○	○	○	○	○
エーテル	○	○	○	○	○	○
塩化メチル	△	○	○	×	○	△
ぎ酸	×	○	△	○	×	△
クエン酸	×	△	○	○	○	△
クロロホルム	△	○	○		○	
酢酸	×	○	○	○	○	
酢酸エチル	○	○	○	○	○	○
四塩化炭素	△	△	△	○	○	△
しゅう酸	×	△	△	×	×	△
トリクロロエチレン	×	△	○	×	○	△
二塩化エチレン	○	○	○		○	
ニトロベンゼン	○	△	○			
フェノール	△	△	△	○	○	△
ベンゼン	○	○	○	○	○	○
ホルムアルデヒド	△	○	○		○	
メチルアルコール	○	○	○	○	○	△

表2－8　主要プラスチック材料の各種薬品に対する耐食データ

主要薬品名	PP，PE	塩ビ	PET	エポキシ	ネオプレン	テフロン
10％塩酸	○	○	○	△	○	○
10％硝酸	○	○	○	△	×	○
10％硫酸	○	○	○	○	○	○
10％酢酸	○	○	○	○	×	○
10％苛性ソーダ	○	△	△	○	○	○
食塩	○	○	○	○	○	○
塩化第二鉄	○	○	○	○	○	○
硫酸銅	○	○	○	○	○	○
塩素（湿）	×	△	×	×	×	○
二酸化硫黄（湿）	○	○	○	○		○
アルコール	×	○	○	○	○	○
ガソリン	×	○	○	○	○	○
ベンゼン	×	×	×	○	×	○
四塩化炭素	×	△	○	○		○
アセトン	×	×	×	△		○

(注)　PP：ポリプロピレン　　PE：ポリエチレン
　　PET：ポリエチレンテトラフタレート，ポリエステル

(イ)　局排の施工管理

局排の施工は，一般には外部業者に依頼することが多いが，その場合の安全対策には特に注意すること。外部の施工業者は，その企業内の事情を理解していないのが普通で，出入りする作業者全員に工事前に安全衛生教育を行う必要がある。

業種によっても異なるが，引火性物質を取り扱う工場では，アーク溶接やガス切断などはもちろん，電気ドリルやのこぎりでさえも着火の原因になることがあるので，工具類の検査も必要である。

事前に施工業者と十分な工事計画を練り，事故防止に細心の注意を払う必要がある。

(ウ)　局排設置後の諸問題

企業内の多くの関係者が苦心の末にようやく製作した局排が，有効に活用されていない場合がある。その原因は，

①　フードの構造が作業に適していない

②　除じん装置など局排の基本設計に問題がある

③　作業者が局排の使用に無関心である

などに大別できる。

まず，第1のフードの構造が作業に適していない理由の多くは，前記(ア)－②で述べたように関係者間の調整が十分でなかったことが指摘される。このような場合には，直ちにフードの手直しの作業にかかるべきである。頻繁に製品や製造工程が変わってしまうような作業場でも同じようなことが起こるので，常にフードと作業（または製品）の関係をチェックして対応しなければならない。

第2の問題は前記(ア)－①および③などの検討が十分でなかったことに起因する場合が多い。たとえば，粉じんの発生量（粉じん回収量）が予想をはるかに超えていて処理能力を超えてしまった場合など対策に最も苦慮するところであり，装置本体の改造は避けられない。このような失敗を避けるには経験値との照合やその道の専門家の意見を聞くことが大切である。

第3は，教育不足が原因になっていると思われる。雇入れ時の教育，職長教育の実施，次に当該作業に関する作業手順書の見直しまたは作成，および作業手順書に基づく教育訓練の実施などが解決の柱になる。この教育を実施することにより，第1の問題も解決する。

オ　多様な発散防止抑制措置

平成24年7月に施行された特化則の改正により，それまで発散源を密閉する設備，局所排気装置またはプッシュプル型換気装置の設置が義務付けられていた作業場所に，労働基準監督署長の許可を受ければ作業環境測定結果の評価を第1管理区分に維持できるものであればどんな対策（多様な発散防止抑制措置）でも許されることになった（特化則第6条の3）。

多様な発散防止抑制措置の例として，特定化学物質を吸着等の方法で濃度を低減するもの，包囲構造の設備の開口部にエアカーテンを設ける等気流を工夫することにより特定化学物質の発散を防止するものなどが考えられるが，作業方法，作業者の立ち位置，作業姿勢等が不適切であると発散防止抑制の効果が失われることがあるので，作業主任者は発散防止抑制措置の構造，作用等をよく理解し，作業者が正しい作業方法を守って作業するよう指導しなければならない。

(2)　用後処理装置の設置と着眼点

ア　概要

特定化学物質は多岐にわたるため，局排等で捕集されて不要になった物質の廃棄処分にはかなり高度な化学知識が必要になる。ほとんどの物質は何らかの方法で化学的に安定な物質に変えなければならないが，その方法は物質ごとに異なり，当然それを処理する設備も異なるのが常である。

用後処理方法を検討するために，粒子状物質（繊維，ヒュームおよびミスト状物質を含む），ガス状物質および液状物質の３種類に分けて説明する。

㈀　粒子状物質

固体が粉じんとなって環境気中に発散する場合と，液体がミスト（液体粒子）として飛散する場合がある。粒子状物質の除去は粒子の大きさに左右される。このため，対象となる粒子の粒径範囲によって使用すべき除じん方式が異なっている。**表２－９**に粒径範囲と使用すべき除じん方式を示す。

重力沈降除じん装置は，設置面積が大きくなるため，現在はあまり用いられていない。

しかし，ほとんどの場合，粒子径が一定の範囲内に分布していることはなく，粉じんの粒径は，1μm 以下のものから数十 μm の広い範囲にわたって分布しているので，マルチサイクロンを前処理用に用い，最終段階に高性能除じん装置を併用するのが効果的である。

スクラバは，水または水溶液を使用するため，粉じんの懸濁（または溶解）した排液の後処理を考えておく必要がある。一般には粒子状物質は乾式で処理するほうが後処理が簡単になる。

粉じんの最終処理（廃棄）は，自然界に溶出することのないよう化学的に安定な状態にしておかなければならない。方法として，化学反応，焼却，コンクリート固化，溶融固化など種々の技術が応用される。

㈁　ガス状物質

有害ガスの局排による排気を未処理のまま屋外に放出すると環境汚染を引き起こすことになる。

ガスの処理方法としては，粉じんのような物理的な慣性力やろ過ではなく，化学反応による吸収，分解，燃焼等が主流になる。

化学反応によりガスを処理するには，水または適切な化学物質の水溶液を洗浄

表２－９　除じん方式

○印使用可

除じん方式	粒子径		
	5μm 未満	5μm 以上 20μm 未満	20μm 以上
マルチサイクロン	×	×	○
スクラバ	×	○	○
ろ過除じん	○	○	○
電気除じん	○	○	○

表2－10　排ガス処理方式

ガス状物質名	処理方式	
アクロレイン	吸収方式	直接燃焼方式
弗化水素	吸収方式	吸着方式
硫化水素	吸収方式	酸化・還元方式
硫酸ジメチル	吸収方式	直接燃焼方式

液としてスクラバ（特に充塡塔）を使用する方法が最も有効である。この場合にも生ずる排液の処理まで含めて考えておく必要がある。

活性炭などの表面に有害ガスを吸着させて回収することもできる。しかし，有害物を吸着した活性炭をそのまま廃棄すると，いずれは脱着して環境に放出されることになる。焼却処理する場合は，有害物を完全燃焼させなければならず，有害物中に塩素などが含まれていると二次汚染の原因になるので注意が必要である。特化則にはガス処理方式として**表2－10**のような方法が示されている。

⑷　液状物質

特化則で規定する排気，排液は，一般に有害性，反応性の高いものが多く，廃棄に際しては無害化処理が不可欠である。処理の方法は対象物質によりさまざまであるが，中和方式，酸化・還元方式，生物化学的方式（活性汚泥方式），凝集沈殿方式，あるいはこれらを複合した方法などがある。

特化則では，排液処理方式として**表2－11**のような方法が示されている。

イ　用後処理装置設計の基本

㈠　除じん装置

①　慣性除じん装置

粉じんを含んだ空気の気流の方向を急激に変えると，粒子は慣性によって直

表2－11　排液処理方式

物質名	処理方式
アルキル水銀その化合物	酸化・還元方式
塩酸，硝酸，硫酸	中和方式
シアン化カリウム シアン化ナトリウム	酸化・還元方式 活性汚泥方式
ペンタクロルフェノール およびそのナトリウム塩	凝集沈殿方式
硫化ナトリウム	酸化・還元方式

進しようとして気流から分離される。**図2－15**はこの原理を応用した「慣性除じん装置」を示したものである。流入速度は15m/s程度で，30～50μmの粒子を65％以上捕集できる。圧力損失は小さく1～3hPaである。摩耗性の大きな粒子の除去にも効果的である。

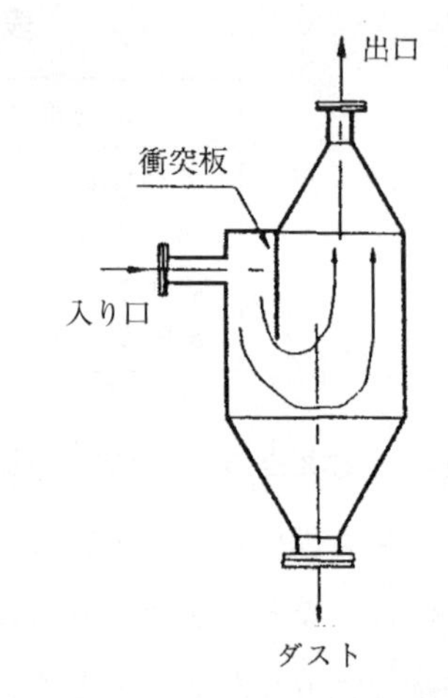

図2－15　慣性除じん装置

② サイクロン

「サイクロン」は，遠心力を利用して粉じん粒子を捕集する装置（**図2－16**）で，高性能のものでは5μm程度の粒子を50％以上分離する能力がある。圧力損失は，サイクロンの大小に関係なくほぼ一定で，常温の場合10～15hPaである。処理空気量を多くするには，大きな直径のサイクロンが必要になる。遠心力は，直径が大きくなると急速に小さくなるので，除じん能力が下がる。この性能低下を補うために，小型のサイクロンを多数並列に設置して，大容量に対応させたものが「マルチサイクロン」である。マルチサイクロンは比較的高性能で，構造的にも鋼などのような高熱にも耐え得る素材のみで構成することができ，焼却炉などの集じんにも応用することができる。

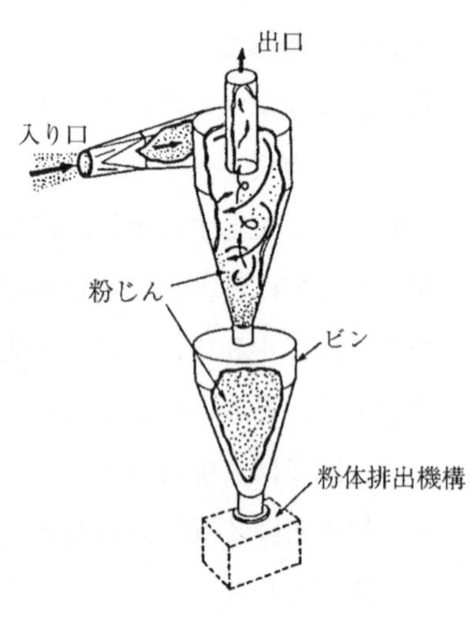

図2－16　サイクロン

③ ろ過除じん装置

「ろ過除じん装置」は，ろ過材を用いて粉じんを捕集する方式のもので，通過する空気中に浮遊している粉じんを衝突，拡散，さえぎり等によりろ過材上に捕集しようとするものである。

ろ過材にはフィルタ面に付着した粉じんを払い落としながら使用する再生式と，一定量の粉じんが付着した時点で交換する使い捨て式がある。後者は除じん効果の低いものから超高性能の「HEPAフィルタ」と呼ばれるものまで非常に広い範囲で選定できるが，処理できる粉じん濃度が低く数十mg/m^{3}以下，特にクリーンルームや原子力設備などで使用されるHEPAフィルタでは，さらに10分の1以下である。それに対して，前者の再生式は，10g/m^{3}以上の高濃度粉じんの処理ができる。この再生式フィルタ装置を「バグフィルタ」と呼んでおり，作業環境中で発生する高濃度の粉じんの除去には，ほとんどこの方式が用いられる。

バグフィルタは，入り口の粉じん濃度がかなり高い場合でも出口濃度は数mg/m^{3}程度以下にできると考えてよい。したがって，入り口の粉じん濃度が2～5g/m^{3}の場合に除じん率は99.8％以上にもなるが，付着した粉じんの払い落としの瞬間には多少集じん率が低下する。バグフィルタを含め除じん装置の排気は，他の有害物の場合と同様，屋外に放出する必要がある。

払い落とし方式のバグフィルタには機械的にフィルタを振動させる方法，ろ過しているときとは逆向きの清浄空気を強制的に流す方法，または，これらを併用する方法などもあるが，現在ではフィルタ面に圧縮空気を瞬間的に噴射して払い落とす方法が主流になっている。

この方式をパルス式（図２－17参照）と呼んでいる。パルス式は払い落としの効率がよいこと，装置を運転したまま払い落とし操作ができることのほか払い落とし装置の構成部品数が少なく，保守管理が容易であるなどの利点がある。

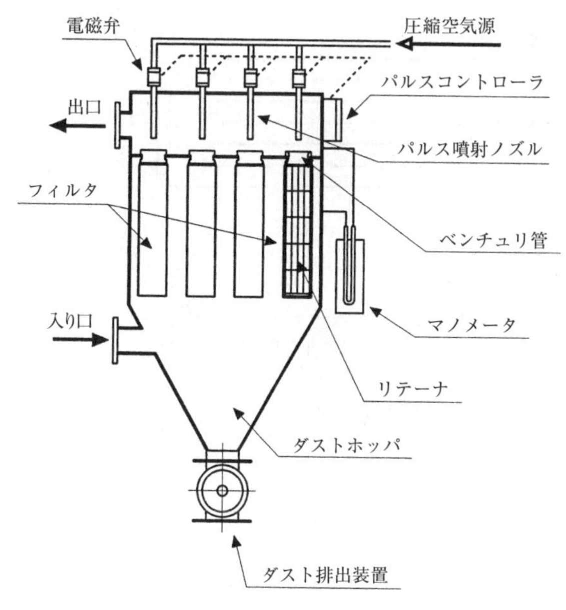

図２－17　パルス式バグフィルタ

ろ材の形状は，円筒形と封筒形の２種類に大別され，材質は，綿，ナイロン，ポリエステル（テトロン），ポリプロピレン，耐熱ナイロン等が耐薬品，耐熱性により使い分けられる。

また，静電気に起因する着火，爆発を防止するため，帯電防止処理を施した布地を使用する必要がある。

④　電気除じん装置

電気除じん装置は，バグフィルタと並ぶ高性能除じん装置である。原理は，粉じんあるいはミストなどの粒子を帯電させ，帯電した粒子を集じん電極へ誘引，付着させて捕集するものである。したがって，慣性力の弱い5μm以下の微粒子の捕集に適しており，逆に20μm以上の大きい粒子や粉じん濃度の極めて高い場合には前処理が必要になる。

図２－18に乾式電気除じん装置の基本的な構造図を示す。集じん電極と放電電極が交互に規則正しく配置されている。集じん電極と放電電極との間隔は正確さが要求され，工作上のわずかな歪みが荷電電圧を下げることになり，除じん率に大きく関係する。また，電気除じん装置のハウジング（外壁）も集じん電極の一部を兼ねているので，工作精度が重要である。バグフィルタのハウジングは漏れさえなければよいが，電気除じん装置では，外壁に歪みがあると装置全体の性能が低下することになる。

ハウジング内のガスの流れに偏りがあると捕集率が低下する。このため，ハ

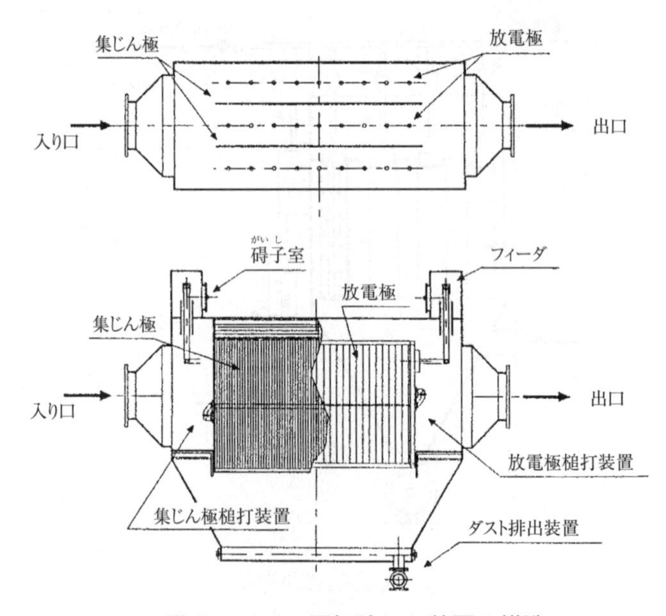

図２－18　電気除じん装置の構造

ウジングに接続するダクトは前後に十分な長さの直線部が望まれるが長さの確保が困難なときは，入り口と出口の接続部に整流装置を設けるようにする。

処理ガス中の水分と温度によっては結露の危険があるので，ハウジングの保温のほか，碍子（がいし）の濡れ防止のために碍子室に加熱空気を送り込み，常に碍子を清浄かつ乾燥した状態に保つようにしておかなければならない。電気除じん装置は，構造的にガスの流れに対して大きな抵抗はなく，1hPa 程度，整流装置を含めても 5hPa 前後であるため，排風機の静圧も小さくて済むが，碍子室の加熱のための電力までを考えると，エネルギー的には他の機械式除じん装置と比べて大差はない。

電気除じん装置には湿式のものもある。集じん極板に常時水を流し濡れ壁にしておき，捕集された粉じんを直ちに洗い流してしまう方法と除じん部入り口で水を噴霧し，水滴と粉じんとを同時に捕集する方法とがある。どちらの形式を採るにしても乾式電気集じん装置で問題になる粉じんの固有電気抵抗値(注)を考慮する必要はなく，また，可燃性粉じんの処理も可能で，適用の範囲が広い。

ただし，排水処理設備と接続しなければならないこと，腐食の対策を講じておく必要があることなどの問題点もある。

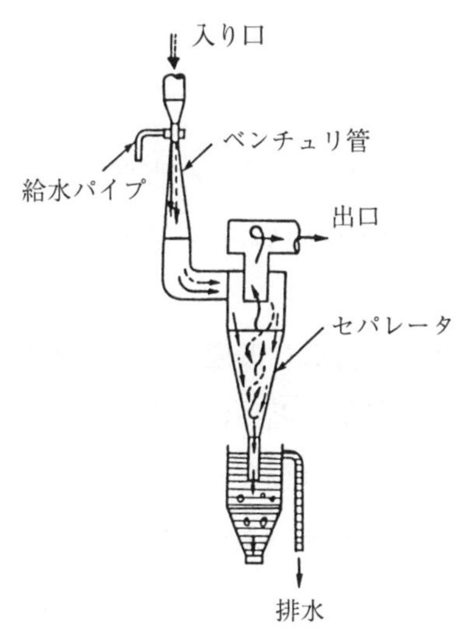

図２－19　ベンチュリスクラバ

⑤　洗浄式除じん装置（スクラバ）

洗浄式除じん装置は，「スクラバ」とも呼ばれている。洗浄式除じん装置は，原理的には，空気中に拡散した粉じんやガスを水中あるいは吸収液中に捕集するもので，ベンチュリスクラバ（図２－19 参照），サイクロンスクラバ（図２－20 参照），ウオータフィルム（図２－21 参照），充塡（てん）式洗浄塔（充塡塔）などが実用に供されている。

しかし，洗浄式除じん装置は空気中に拡

（注）　粉じんの固有電気抵抗値

粉じんの電気抵抗で，粉じんに帯電した電荷の放電する速さに関係する。

電気抵抗が小さい粉じんは集じん極に付着してもすぐ放電し，再飛散するので集じん効果は悪くなる。反対に電気抵抗が大きすぎると，粉じんが集じん極に付着してから，放電するまでに時間がかかり，あとから来た粉じんが捕集できなくなる。したがって，その中間に最適な電気抵抗値がある。しかし，湿式では，この問題は起こらない。

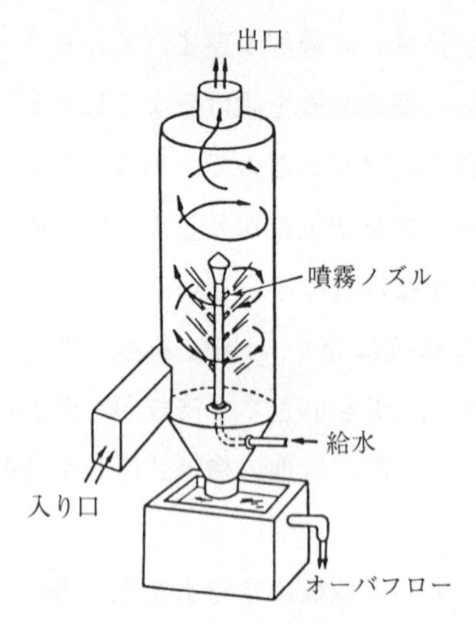

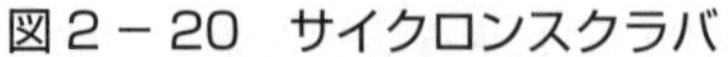
図2－20　サイクロンスクラバ

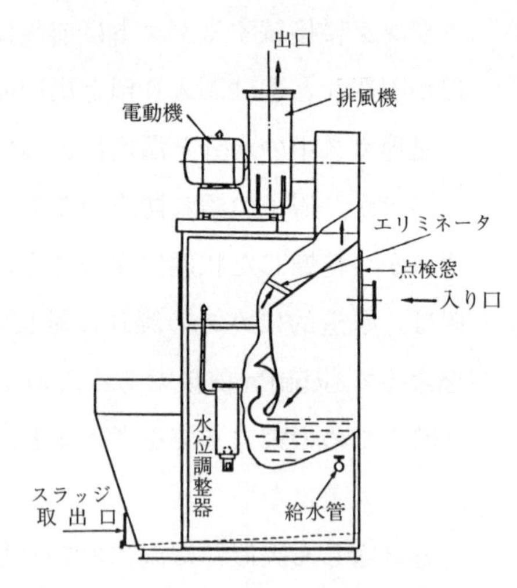

図2－21　ウオータフィルム

散している有害物を水中に置き換えるだけで，最終処理を行う必要があるので，火災，爆発のおそれのある物質の処理，水溶液として回収したほうが有利な物質の処理，粉じんとガスを同時に処理する必要のある場合など特殊な用途に限られている。

㈠　ガス処理装置

①　充填式洗浄塔（充填塔）

ガス処理は原理的に乾式処理が難しく，洗浄式が主流となる。有害ガスを水に吸収させるだけでなく，洗浄水に薬剤の溶液を用い化学反応により無害化処理を同時に行うこともできる。

ガス吸収の基本原理は拡散である。空気中のガスや蒸気に濃度差があると均一な濃度になろうとする作用が働く。この現象を「拡散」といい，ガスに限らず，粒子にも働く。しかし粒子には重力が働くため拡散は粒径の小さい粒子ほど優勢になる。洗浄塔としては，内部で拡散が起こりやすいような構造のものが有効である。

充填塔には，複雑な形をした充填物が詰められており，その表面は常に洗浄液で濡れているようにしてある。充填物の隙間をガスが流れ，吸収される仕組みである。このような構造では拡散現象は大きいが，衝突，さえぎり等の効果は小さいので，粉じんの捕集には適していない。図2－22に充填塔の構造を示す。

ガスは塔下部左方より流入し，塔内を0.8～2.0m/s程度の速度で上昇する。

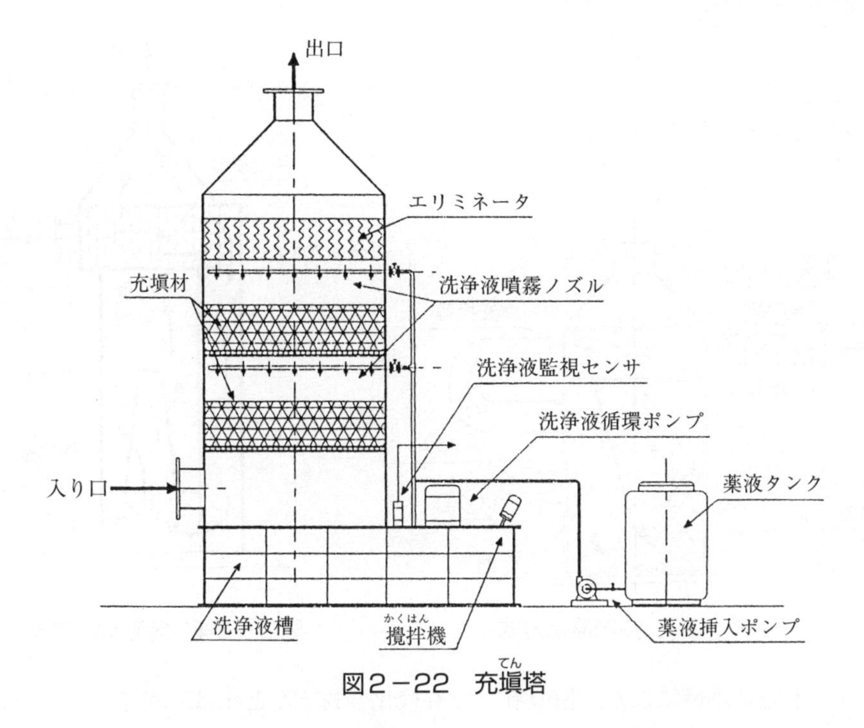

図2－22　充塡塔

一方，洗浄液は上部より塔断面に均一に散布され充塡材を濡らす。本図で充塡材を詰めた層が2段になっているのは，洗浄液が表面張力によって塔の中央部に集まり周辺部の液切れを防ぐためである。エリミネータは充塡層を通過した空気に随伴する洗浄液の液滴を除去するためのものである。

② 燃焼式ガス処理装置

硫黄，窒素，燐等の化合物が含まれていない多くの有害ガスは，燃焼によって炭酸ガスと水蒸気などとして無害化することができる。

現在使用されている燃焼方式には，次の方式が使用されている。

a　低濃度のガス用として，炎を用いることなく比較的低温度で触媒を使用して酸化する「接触酸化方式」(図２－23参照)

b　触媒を使用しないで天然ガスその他の補助燃料を用いて高温の室内で焼却する「接焰燃焼方式」(図２－24参照)

c　排気ガスに空気を混合して直接燃焼する「直接燃焼方式」

共通的な問題として，どの酸化方法を採るにしても燃焼により生成した最終ガスが無毒，無臭，無刺激であることが必要である。

このため，次の点に留意する必要がある。

a　亜硫酸ガス等を含有するおそれのある時には，さらに燃焼ガスの再処理が必要になる。

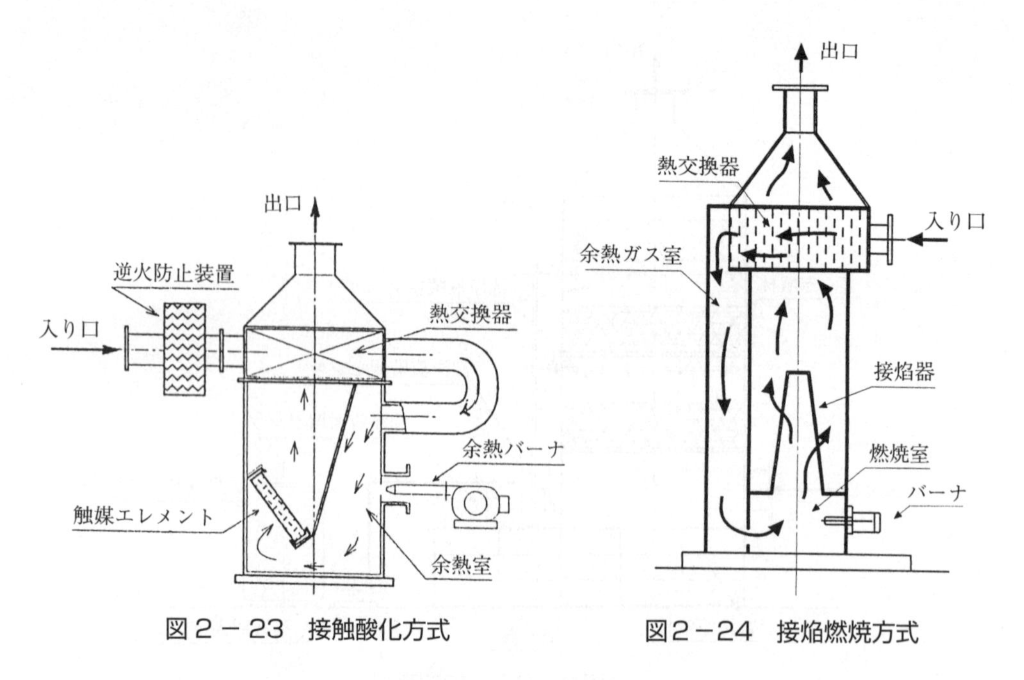

図２－23　接触酸化方式　　図２－24　接焔燃焼方式

b　不完全燃焼により，他の有害な有機化合物（たとえば，ダイオキシン）が生成することがある。

c　触媒を利用した燃焼装置では，対象ガスの成分によってはガス分解物が触媒毒として触媒の機能を喪失させるおそれがある。

d　防火区域では，燃焼装置の設置は法的な規制を受けることおよび技術的な困難を伴う。

③　吸着式ガス処理装置

排気中に含まれる多くの有害ガスは，活性炭層を通過すると吸着される。この原理を用いてガス状の有害物を除去する設備が「吸着式ガス処理装置」である。しかし，この方式は有害物を活性炭の表面に吸着するだけで分解等の処理はできない。

吸着剤としては，活性炭のほかシリカゲル，活性アルミナなどが知られているが，ガス状の有機化合物に対して最も性能がよいのは活性炭である。

活性炭の種類による特性のほか，被吸着物質の濃度が高いほど，分子量は大きいほど，沸点は高いほど吸着量は多くなる。一方，ガス温度が高くなるほど吸着量は少なくなる。また，高分子物質やタール状物質は吸着剤の吸着面をふさぐので，これらの物質が混入している場合は，活性炭方式は適当ではない。

一般に，吸着材の吸着量には限界があって，この限度を超えると被吸着物質を吸着することができなくなる。この限界を「破過」という。活性炭では，被

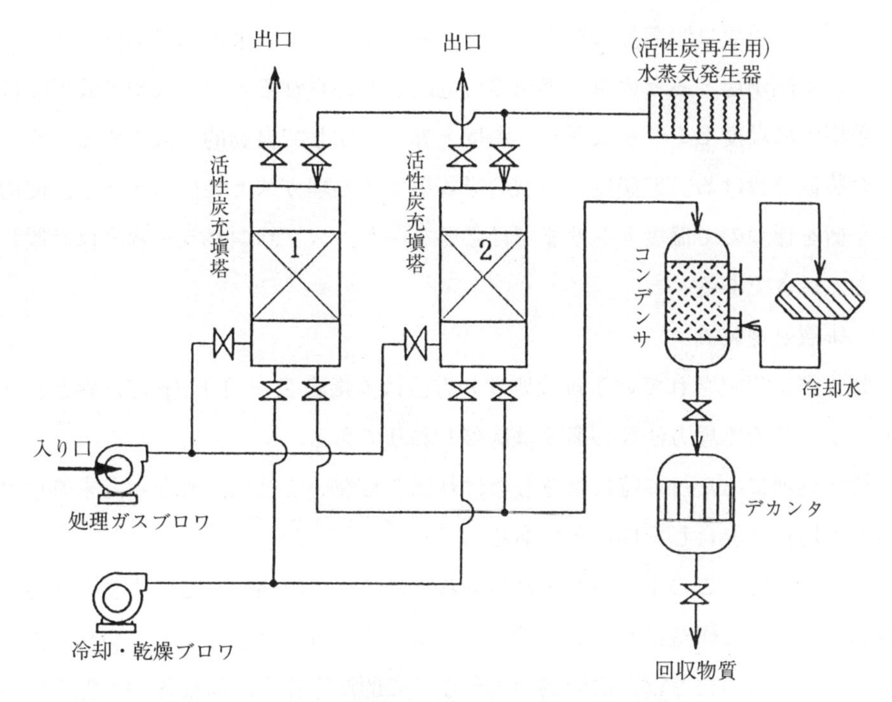

図2－25　固定床式の吸着式ガス処理装置

吸着物質の吸着量が活性の5～30%になると破過が起こる。破過した活性炭はそのまま廃棄できないので，その対策が必要である。

吸着式ガス処理装置の具体的な構造は，固定床式，流動床式，特殊な形式としてハニカム濃縮装置がある。**図2－25**に大型の固定床式の吸着式ガス処理装置のフローを示す。2～3基の活性炭充填塔を並列に設置し，一定期間ごとに切り替えて脱着･再生を繰り返す方式が採られている。脱着の方法としては，加熱脱着または水蒸気脱着が用いられる。前者では加熱したガス（空気，窒素等）を塔内に吹き込む方法，または水蒸気による間接加熱が用いられ，対象物質は高濃度のガスとして回収され，コンデンサで液化する。後者では直接水蒸気を送り込み，コンデンサで被処理物を水との混合物として回収する。いずれの方法も脱着に必要な熱源，コンデンサ，特に水蒸気脱着の場合には蒸留，排水処理等付帯設備が大がかりになる。しかし，回収物の再生による経済的メリットがあり環境対策費の節減が可能となるので，採算性はよい。

処理ガス量が少なく，有害ガスの濃度の低い中小規模の装置では，簡単な充填塔形式の装置が用いられる。この形式のものは設備費が少ない反面，活性炭の交換作業が容易でない。破過した活性炭は焼却，コンクリート固化などの最終処分を行う。

吸着の現象は吸着熱の発生を伴う。温度が上がると吸着効率は低下する。さらに蓄熱が起こると火災，爆発等の危険も考えられるので，大型の装置では吸着塔内に温度センサを設置し，温度上昇を検知して自動的に散水するような安全装置を設ける。低濃度，小型の吸着塔では処理ガスと装置全体とが温度的に平衡を保つので温度センサまでは必要ないが，スプリンクラー程度は設置しておくべきである。

㈲　排液処理装置

特化則に規定されている排液処理の方法は前掲表２－11（p.77）のとおりであるが，その処理方法等の概要は次のとおりである。

排水処理にあたって特に留意しなければならないことは，異なった未処理の排液を不用意に混合しないことである。

したがって，このようなおそれのある排水の流出経路は，そのままの状態で混合しないような構造にしておく必要がある。注意事項として，いくつかの例を示すが，これらのことは，次の例のような一般的洗浄作業，清掃作業，混入作業等においてみられるので，「混合禁止」などの表示，教育の実施が必要である。

・　シアン化カリウム，シアン化ナトリウム等は固体で，乾燥した状態では安定である。しかし水溶液は極めて毒性が高く，さらに酸を加えることにより毒性の強いシアンガスが発生する。
・　硫化鉄などの硫化物に酸を加えると有害な硫化水素を発生する。
・　晒粉（さらし）（消石灰に塩素を吸収させたもの）は漂白や飲料水の消毒に使われるが，塩酸を加えると塩素ガスを発生する。多量に取り扱うときは注意しなければならない。
・　濃硝酸は光により分解し，呼吸器に有害な黄褐色の過酸化窒素を生成する。
・　濃硫酸に水を注ぐと高熱を発生し，硫酸を含んだミストが飛散する。このほかにも水を注いで高熱を発する物質として生石灰などがある。

　また，金属ナトリウムやカルシウムなど水と激しく反応して水素を発生し爆発の危険のある物質もある。

（災害事例）

① シアン化合物を用いたメッキ工程の分析室で塩酸を床にこぼしたとき，床面に付着していたシアン化ナトリウムと反応し，シアン化水素が発生した。

② 木材のカビ止め剤とつや出し剤を誤って混合したところ，塩素が発生した。

③ ウーロン茶製造タンク内を塩素系アルカリ洗剤を用いて洗浄作業中，塩素系アルカリ洗剤タンクと同一の配管でつながっている酸性洗剤（硝酸20%含有）タンクのバルブがゆるんでいたため，酸性の洗剤と塩素系洗剤が混合し，塩素が発生した。

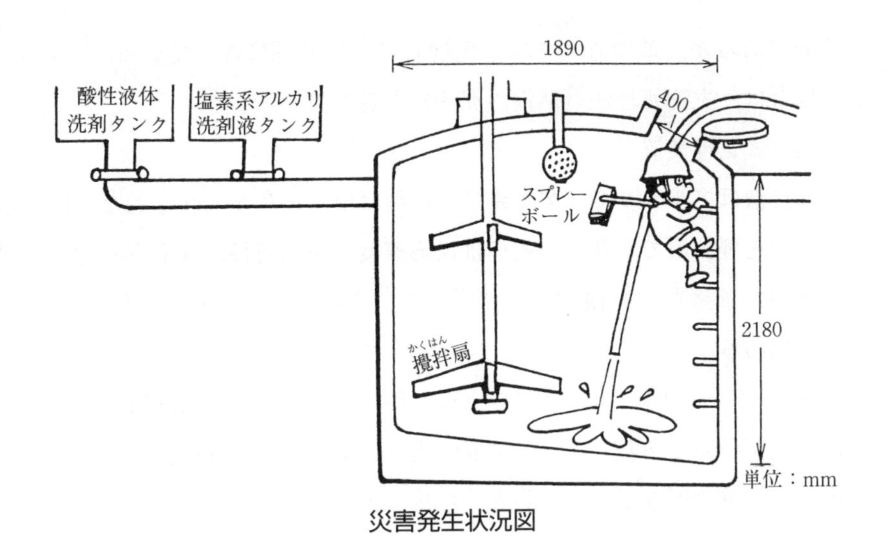

災害発生状況図

④ 家庭用洗剤として市販されている塩素系洗剤（次亜塩素酸ナトリウムを含む）を用いて清掃作業中，酸性の家庭用洗剤を同時に使用したため，塩素が発生した。

① 酸化・還元方式処理装置

酸化または還元を利用した処理装置であり，酸化剤としては酸素のほかオゾン，過酸化物などが用いられ，燃焼も酸化反応の一種である。酸化・還元は気中でも液中でも起こるので，酸化剤（または還元剤）を溶解した洗浄液を使用してガスの吸収と同時に酸化（還元）処理を行うガス処理装置がある。しかし，工業廃水はこのような単純な形で酸化・還元が行われるとは限らず，他の重金属や有機物が含まれているので，容易に分解しない複雑な化合物に変化していることもある。たとえば，シアン化合物は，酸化・還元方式で処理することが

表2－12　中和剤の特徴

中和剤	化学薬品	特徴
酸性中和剤	塩酸，硫酸	反応が早く，制御しやすい。
アルカリ性中和剤	苛性ソーダ， 炭酸ソーダ	溶解しやすく，反応が早いので取り扱いやすい。 価格が高い。
	生石灰 消石灰	溶かしにくく，反応生成物の量が多くなる。 生成物は，溶解度が低い場合が多く，沈降分離しやすい。 価格が安い。

一般的であるが，この方式では，処理しにくい状態になっていることがある。この場合は，生物処理法（活性汚泥法）が適している。

②　中和方式処理装置

酸性排液はアルカリで，アルカリ性排液は酸で中和する化学的な中和反応を利用した処理装置であり，中和剤は反応速度，中和特性，反応生成物の処理方法の難易，価格などを検討して選定する。主な中和剤の特徴は表2－12のとおりである。

排液のpHの範囲は条例などで決められているので，公共水域に放流する場合は注意が必要である。なお，排液の成分によっては酸性の排液を強アルカリに調整し，重金属などを沈殿除去した後，再度中和する等，高度な化学処理が必要なこともある。

③　活性汚泥方式処理装置

排液中の有機物を水中の微生物によって分解・浄化する排液処理装置が活性汚泥方式処理装置である。この装置は，汚水を培養液とした微生物培養装置ともいえるものであるから微生物が繁殖しやすい環境を保つような設備，運転管理が必要になる。

生物の特性から,処理できる排液の性状が決まってしまうので万能ではない。適用できる排液の種類を次のように分類できる。

a　生活排水など一般の有機物，ただし，難生物分解物質であるプラスチックなどは処理できない。フェノールは処理可能である。

b　無機物質のうち一部のものは，生物処理が可能である。すなわち，

(a)　窒素化合物　：アンモニア，亜硝酸，硝酸等

(b)　リン　　　　：リン酸等

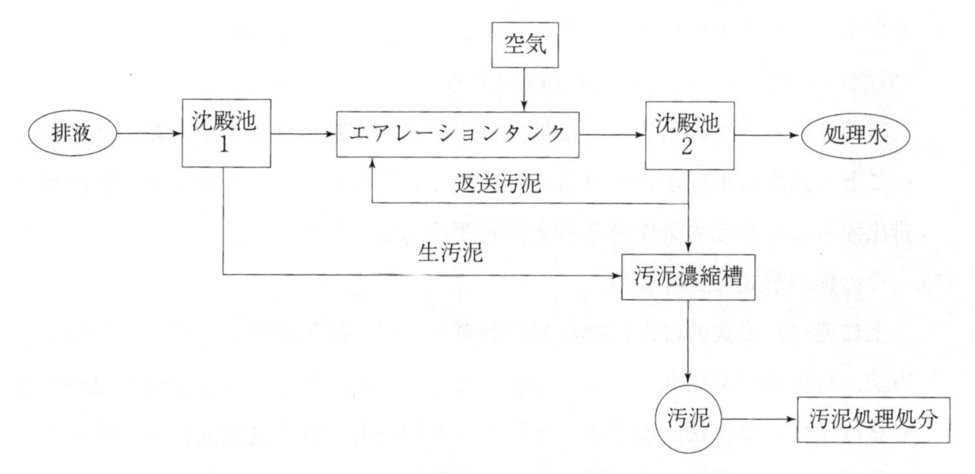

図2－26　活性汚泥方式処理装置フロー図

(c)　シアン化合物：シアン化カリウム等
(d)　その他　　　：鉄塩，マンガン塩等

排液処理に関わる微生物は非常に種類が多く，細菌類，原生動物，藻類，輪虫，貝類，昆虫の幼虫などがある。

活性汚泥方式は多量の酸素を供給して好気性の微生物を培養することから好気性処理ともいい，一般にはこの方式が用いられるが，高濃度排液では酸素の供給を絶って嫌気性菌を培養して浄化する嫌気性処理も行われる。この方式では最終段階で好気性処理を併用する場合がある。**図2－26**は活性汚泥方式処理装置の基本的なフローである。排液をまず沈殿池1に導入して一次沈殿を行い，エアレーションタンクで好気性菌を培養する。十分消化した後，沈殿池2で汚泥を沈殿回収する。この汚泥の一部はエアレーションタンクへ戻して菌の種として再利用する。汚泥は濃縮した後，さらに発酵，焼却などにより処理される。

④　凝集沈殿方式処理装置

水に懸濁している粒子を容易に沈殿やろ過できる大きさは，10μm程度までであり，それ以下1μmくらいまでの粒子は凝集させてから分離する。さらに，ほとんど分子状で分散しているような0.001μm以下の粒子は化学的に析出させてから凝集分離する。

水中に懸濁した粒子は，粒子間の引力と粒子の表面の電荷による反発力とが平衡を保った状態にあるので，この表面電荷を減じるような薬品を加えることによって凝集させることができる。この薬品を凝集剤といい，無害で安価な鉄やアルミニウムの塩類が用いられる。最も代表的な凝集剤は硫酸アルミニウム（硫酸バンド）$Al_2(SO_4)_3 \cdot 18H_2O$ である。

凝集沈殿方式を利用するには被処理水に適した凝集剤の選定，粒子濃度の高いこと，適度な攪拌（かくはん）が行われること，成長した凝集粒子（フロック）を円滑に排出することなどの条件をそろえる必要がある。

⑤　その他の形式の処理装置

上に述べた形式のほかに排液処理装置として，凝集沈殿と逆に浮上分離する方法，排液中の有害物イオンを Na^+，Ca^{++} イオンなど無害なものと交換してしまうイオン交換法，陽イオンと陰イオンの一方だけを選択的に通す膜を交互に配置し，その両端に直流電圧を加えて電気的に分離する方法など処理する排液の性状により多くの方法が実用化されている。

(3)　全体換気装置およびポータブル型換気装置

ア　全体換気装置

発散源からの有害物質が作業環境に拡散する前に捕捉排除する装置が局排である。換気により希釈して作業環境中の有害物濃度を下げる装置が「全体換気装置」（以下「全換」という。）である。両者とも作業環境改善のために用いられる装置で

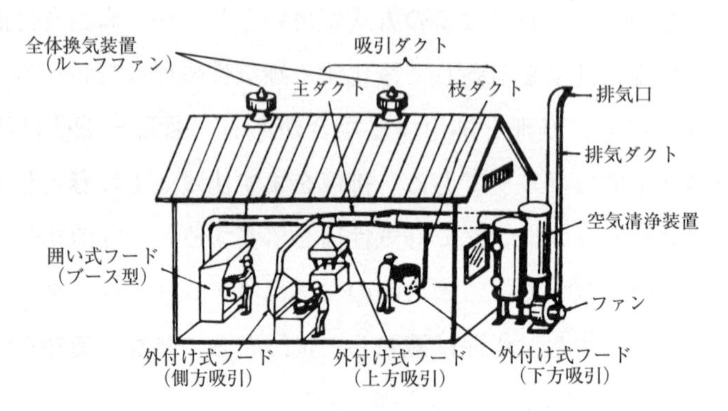

沼野雄志『新やさしい局排設計教室』（2019年）より一部改変

図２－27　局所排気装置と全体換気装置

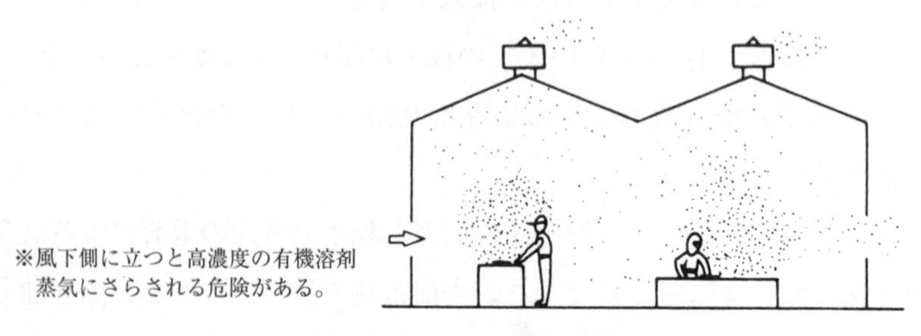

図２－28　全体換気装置

あるが，全換は有害物を希釈するだけであり好ましい方法とはいえない。したがって，一般には局排の補助装置として全換が使用される。しかし，2021年4月に特定化学物質に追加された溶接ヒュームは，金属アーク溶接の溶接点で局排等による強い気流があると溶接欠陥（ブローホール）が発生することから，全換またはこれと同等以上の設備（局排等を含む。）の設置を義務付け，同時に有効な呼吸用保護具の着用も求めている。また，タンクなど密閉空間の換気に換気扇などが臨時に用いられることがあるが，小型のタンクではマンホールが1カ所しかないこともあり，換気扇のみでは内部の空気を十分換気することはできない。フレキシブルホースなどをタンク内に挿入して排気するか，別にマンホールを増設して給気と排気を分離するなどの措置が必要である。これらの措置が講じられてもタンク内部での作業には送気マスクを使用させる必要がある。

全換の換気量は，有害物の発生量（発生速度）と作業環境中の許容される有害物濃度，気積，人員との関係から計算できるが，工場の大きさ，特に天井面までの高さ，機械などの構造物による不均一な空気の流れ等から理想的な一様換気ができない場合が多く，局部的に高濃度の場所ができることもあるので注意が必要である。また，適用を誤ると本来有害物の存在しない場所に汚染空気を導入することにもなりかねないので，給・排気の方向を十分検討しておかなければならない。

イ　全体換気装置の簡易設計法

有害ガスの発生量（発生速度）がわかっている場合には，作業環境の濃度を何ppmに管理するかが決まると必要換気量は容易に計算できる。

有害ガス発生量をM（m^3/h），必要換気量の理論値をQ（m^3/h），有害物の作業環境濃度をC（ppm）とすれば密閉空間の容積に関係なく次式が成り立つ。

$$Q = \frac{M}{C} \times 10^6 \ (m^3/h)$$

ただし，この場合には理想的な一様混合換気が前提となる。したがって，機械装置や什器等の陰で澱みの予想される場所，全換（換気扇等）が高所（おおむね床上4m以上）に設置されている場合等にはスモークテスタ等を用いて換気効果を確認する必要がある。

ウ　ポータブル型換気装置

タンク等の内部作業時に缶内壁の全面が内容物等で濡れていると，空間容積に対し相対的に内部の表面積が大きく，有害ガス濃度が著しく高くなりやすい。しかし狭い限られた空間内では，局排の設置は困難であり，全換と防毒マスクを併

写真２－１　ポータブル型換気装置

用する方法が一般に用いられる。

写真２－１は，一辺が2.5m程度の軀体の内部塗装作業の例で，ポータブル型の排風機と風管を用いて全体換気を行い，排気は数m離れた屋外に放出している。

排気装置（排風機）の仕様は次のとおりである。

形　式　軸流ファン

直　径　300 ϕ

風　量　30m^3/min

静　圧　2hPa

電動機　0.4kW

この種の排気装置は軽量でどこへでも持ち運んで使用できる簡便さはあるが，設置の仕方（風管の長さや曲がり方）で風量が変わり，ネームプレートに記載してある数値が常に確保されているとは限らないことに注意する必要がある。

写真のように風管に曲がりがないように設置され，かつ，長さが10m以内程度であれば，ほぼ，仕様どおりの性能が得られると考えてよい。

フレキシブルダクトが直線状に設置されている場合の抵抗係数は0.1～0.09(ちなみに鋼板の丸ダクトは0.02)，緩やかな90°の曲がりでは0.35程度になり，排風機に接続されるダクトの条件が変わると風量も変わる。上記仕様の排風機にダクトの長さ，直径および曲がりの有無などの条件を変えて接続した場合の風量との関係を試算してみると，**表２－13**のようになる。

なお，このような作業では次の点も考慮しておかなければならない。

表2－13　ポータブル型換気装置の性能

風量 $30m^3/min$ 一定	
使用するダクト径と長さ	
直径 mm	使用可能長さ m
300	25
250	10
200	3

ダクト長さ 10m 一定	
緩やかな 90° 曲がり	
直径 mm	風量 m^3/min
300	25
250	16
200	9

① 躯体の外部に見張人を配置し，常に内部の作業者の状態を監視していること。

② あらかじめ躯体内部の流れをスモークテスタなどで調べておき，できる限り作業者は風上側で作業を進めるようにすること。

③ 躯体内部の換気の代わりに酸素ボンベ等から酸素を補給しないこと。爆発のおそれがある。

2－4　特定化学設備の保守，点検

(1) 定期自主検査と点検

ア　目的と検査項目等

特定化学物質を製造し，取り扱う作業場において，良好な作業環境を確保し，円滑な生産を行うためには，設備を構成する装置，機器等の機能が確実に維持されるよう，一定時期ごとに，定期自主検査および点検を的確に行うことが必要である。

特定化学設備またはその付属設備については，2年以内の一定の時期に**表2－14**に掲げる事項について定期自主検査の実施（特化則第31条）が，また，新設時，変更時，休止後の再使用および用途変更時にその性能を確認するため，**表2－14**に掲げる項目についての点検（特化則第34条）が規定されている。

一般に，定期自主検査および新設時等その効果確認の点検は，保全担当部門等が測定器などを用いて行うが，具体的実施方法については，化学設備等定期自主検査指針により設備ごとに検査項目，検査方法および判定基準（注）が示されている。この指針は，労働安全衛生規則（以下「安衛則」という。）第276条の規定による化学設備等の定期自主検査の適切かつ有効な実施を図るための検査項目，

(注)　化学設備等定期自主検査指針（昭和59.9.17自主検査指針公示第7号）

表２－14　特定化学設備の定期検査項目

１　特定化学設備またはその付属設備
　ア　設備の内部にあっては，その損壊の原因となるおそれのある物の有無
　イ　内面および外面の著しい損傷，変形および腐食の有無
　ウ　ふた板，フランジ，バルブ，コック等の状態
　エ　安全弁，緊急しゃ断装置その他の安全装置および自動警報装置の機能
　オ　冷却装置，加熱装置，攪拌装置，圧縮装置，計測装置および制御装置の機能
　カ　予備動力源の機能
　キ　アからカまでに掲げるもののほか，特定第二類物質または第三類物質の漏えいを防止するため必要な事項
２　配管
　ア　溶接による継手部の損傷，変形および腐食の有無
　イ　フランジ，バルブ，コック等の状態
　ウ　配管に近接して設けられた保温のための蒸気パイプの継手部の損傷，変形および腐食の有無

検査方法および判定基準について定められたものであるが，特定化学設備についてもほぼ同様であるから参考にすること。

イ　定期自主検査等における作業主任者の役割

定期自主検査等点検整備作業の成果は，点検整備作業の計画が適切なものであったかどうかで決まる部分が多い。したがって，

①　点検箇所としては，ランク付けされた重要設備の重点箇所を最優先に取りあげること
②　無理のないスケジュールであること
③　点検計画と整備計画が統一されていること
④　法令または指針等があれば，それが取り入れられていること

に留意し，**表２－15**の各項目についての計画を策定して行うことが望ましい。

表２－15　特定化学設備の定期検査計画

①　検査対象設備および検査項目
②　検査時期
③　検査実施組織
④　検査者名
⑤　検査工程
⑥　検査の方法
⑦　安全対策
⑧　安全会議（仮称）の運営（必要な場合）等

その際，運転部門の一員である作業主任者は，定期自主検査等の計画の策定に，検査実施組織および安全会議の一員として積極的に参加して，検査が目的に沿って確実に行われるよう協力することが望ましい。このため，普段から特定化学設備およびその付属設備の構造，取り扱いについての知識の向上に努め，設計条件の理解，運転マニュアル，機器の取扱説明書等に習熟しておく等の姿勢が必要である。また，検査が安全に行われるために，機器，配管等の内容物の清掃，除去，動力源のしゃ断，仕切板の挿入などを行い，状況をよく確認してから保全部門に引き渡すのは，運転部門の責務である。

⑵　日常点検

ア　目的と点検項目等

日常点検には，始業点検，終業点検，パトロール（巡視）点検があり，その目的は，運転中の設備，機器等の管理を適切に行い，故障や不調等を早期発見し，作業に従事する作業者が特定化学物質に汚染され，またはこれらを吸入しないようにすることであり，通常，運転担当部門によって目視を中心としたチェックにより行われることが多く，作業主任者の重要な職務でもある。したがって，作業主任者は，点検，整備方法についての知識，技能の習得に努めるとともに，特定化学設備の内部における温度，圧力，換気の状態，原材料の反応状況等を設備に装備されている計器類により把握して，正常な運転状態を保持するように努めなければならない。

機器等の種類ごとに，一般的に日常点検の対象となる事項を**表２－16**に示す。

この際，特定化学設備からの漏えい防止は，最も重視すべきものであることから，漏えいの発生しやすい箇所とその原因および問題点を**表２－17**に示す。

イ　点検の頻度とチェックリスト

日常点検の必要な項目は，数が多いので，

①　常に監視する事項

②　一定の時間間隔で点検する事項

・日に数回

・日に一回

・週に一度

・月に一度

などに区分し，一定の時間間隔で点検する事項については，それぞれのチェックリストを作成しておき，これに沿って点検を行うとともに，必要に応じて記録を

表2－16　機器等の種類ごとの日常点検事項

機器等の種類	一般的日常点検事項
1　機器等全般	腐食（減肉，孔食，応力腐食割れ），割れ，漏えい，臭気，振動，異常音，温度，圧力の異常 保温，保冷の外装・塗装外面の異常 フランジ，据付けボルトの締め付け
2　塔槽類	温度，圧力の分布，保温，保冷部への水分の浸入による外面腐食，スカート，底板部の外面腐食
3　熱交換器	温度，圧力の分布，外部，内部の流体漏えい
4　配管	閉塞，内部摩耗による漏えい，外面腐食，バルブ，コック等の作動状況，グランド部の漏えい，安全弁の状況，サポートの状態
5　燃焼設備	燃焼状態，加熱管の温度分布，炉内圧力，燃焼排ガスの温度，色，耐火物の脱落，異常
6　回転機械	吸入，吐出の圧力，温度，電流，潤滑油の油量，温度，駆動部，軸受け部の温度上昇，振動，異常音，軸封部からの流体の漏えい
7　貯蔵設備	温度，圧力，レベル計の機能，側板，底板，天井板の腐食，漏えいの兆候，通気管の閉塞の有無，ピット水抜きバルブの機能，溜まり水
8　計測機器	指示計，記録計，調節機能の表示，動作，保護装置（監視，警報，緊急しゃ断）の動作
9　防災設備	予備動力源の機能，救急時連絡，警報装置の機能，ガス検知器，火災報知器，消火設備の機能，洗眼，洗身器具，空気呼吸器など救急用具の機能

表2－17　漏えい防止の注意点

漏えい箇所	原　因	問　題　点
ガスケット	材質不良	耐食性，耐熱，耐圧性
	面圧不足	最小残留圧縮応力，圧縮－縮み，回復曲線，硬度，厚さ
	きず，破損変形	異物混入，機械強度，取付不良，疲労，内圧，振動，熱応力，繰返荷重，締め過ぎ，機械的強度
	形式不良	最小面圧，面座形式，仕上精度
フランジ	締付力不足	強度不足，ガスケット厚み，振動によるゆるみ，面座形式，熱変形，疲労，内圧，片締め
	面平行度不良	製作不良，片締め，面の粗さ，熱変形，ひずみ
	変形	強度不良，製作不良，熱変形，耐食，取付不良，レーティング不足
	きず，破損	製作不良，取付不良，疲労熱応力，レーティング不足，外力，局部応力，クリープ，腐食
メカニカルシール	破損，きず	許容面圧，異物混入，温度，圧力，振動，劣化，シール液不良
	腐食	材質選定，劣化
	軸ぶれ，ゆるみ	回転数，仕上精度，外力によるひずみ
	直角度不良	形式選定，仕上精度，製作不良，取付不良
	内圧力不良	形式選定，シール液圧力，装置内圧力の変動
ねじ込み部	ゆるみ	振動，ねじ込み深さ，はめあい精度，熱膨張，繰返荷重，クリープ
	はめあい精度不良	仕上精度，ねじ山選定不良，熱膨張，シール材
	締付力不足	取付場所，異物混入，ねじ精度，シール材選定，締付特殊工具
溶接線	ピンホール	溶接棒選定，溶接姿勢，溶接電流，開先不良，表面仕上げ，異物巻込み，検査方法，材質
	クラック	材質選定，残留応力，繰返荷重，局部応力，水撃，熱応力，振動，応力腐食割れ
	腐食	材質選定，残留応力，熱影響，疲労，耐熱
エキスパンダー部	ゆるみ	拡管率，温度勾配，熱膨張，疲労，振動，クリープ，仕上精度
	破損	拡管率，腐食，繰返荷重，熱応力，材質欠陥，水撃，振動
バルブシート	きず，破損	異物混入，締込み力過大，熱変形，腐食
	面圧不足	材質不良，ねじ精度不良，仕上，精度，面硬度差，熱膨張，取付け時のひずみ，摩耗
	ゆるみ	ねじ精度不良，振動，水撃，脈動，熱膨張，外力，強度不足
本体材質の割れ	クラック	繰返荷重，クリープ，外力，材質欠陥，局部応力，応力腐食，割れ，異常圧力，異常温度，残留応力
	孔	腐食（ピッチング，電食も含む），外力，材質欠陥

（注）問題点には，それぞれの対策が立てられており，大部分のものは，理論的にはすべて解決しうる問題である。しかし，実際施工面で設計段階および製作段階においても十分管理できないことも多い。また予想しえなかった外力，腐食などのために漏えいを起こすことがあり，これらは運転中の保全管理によって解決しなければならない。

資料出所：「災害防止対策の実際」堤内学（日本能率協会：1976年）

作成しておくとよい。

同時に多種類の点検を行うと，見落としが生じやすいので，頻度の少ない項目については，点検の性質ごとに分け，全域にわたって行うのがよい（たとえば，塔槽類のアンカーボルトのゆるみを月１回，全体について等）。

ウ　日常点検における感覚の役割

保全部門が行う検査とは異なり，運転部門の行う日常点検においては，検査のための機器，器具はほとんど用いず，感覚によることが多い。

眼で見て，手で触り，耳で聞き，臭気をかぎ，これらの情報を総合することにより，異常の前兆が感じとられるものである。

工程および装置，機器を熟知し，豊富な経験を有する点検者が神経を研ぎ澄まして巡回することにより，チェックリストにはない事項や，検査器具でも検出できない異常の前兆を早期に見出し，大規模な修理や災害の発生が未然に防止されたことはどこの事業場でもよく経験されているところである。

感覚により発見できる異常の種類を表２－18に示す。

２－５　局所排気装置等の保守，点検

機械は一度据え付けておけばいつまでも正常に運転し続けるものではない。所定の保守点検・修理を行ってはじめて所期の性能を維持することができるのである。特に，局排については，保守点検を怠ると直ちに性能が低下するだけでなく，装置の寿命も著しく短縮されてしまう。

一般に，局排を設置するときは排気能力や作業性など技術的問題に強い関心をもって計画するが，設置後の管理体制についてはあまり明確でない場合がある。たとえば，定時間内いっぱいに作業するため，局排の面倒まで見ていられない。管理責任者が誰だかわからないから，メンテナンスはしたことがないなどなど「誰のための局排か」と聞きたくなるような事態が起こりかねない。このためにも企業内における責任を明確にするため，各企業の安全衛生管理規程の中に局排ごとに次の事項を明記しておくことが望ましい。

〈安全衛生管理規程〉

① 局排管理責任者の氏名

② 局排管理責任者の責任と権限

③ 局排の定期自主検査および点検の実施

表２－18　感覚により検出できる異常の種類

感覚の種類	検出される異常
視　覚	機器・配管等の変形・損傷・腐食・漏えい 器機類の稼働状況 塗装・保温外装の剥離（はくり）・劣化 炉内温度分布・排ガス・排水の色相 原料・製品の外観 計器類の作動状況・指示の正しさ
聴　覚	回転設備の本体，軸受け，軸封の異常による異音 ガス，蒸気等の漏えい音 塔槽類，熱交換器等機器内部流体の流れの異常 テストハンマーによるボルトのゆるみ，肉厚の減少，配管閉塞等の診断（触覚との併用）
触　覚	塔槽，機器，配管類の表面温度・振動，回転機械の本体，軸受け，軸封の異常な温度上昇・振動 原料・製品の手触り
臭　覚	各種機器，配管などからの内部流体の漏えい 電動機等電気部品の温度上昇 回転機械軸受け，軸封の温度上昇 異常燃焼，異常反応 製品中の不純物の変動
味　覚	各種機器，配管などからの内部流体の大量漏えいによる作業環境濃度の上昇（臭覚では感じることができないとき） 呼吸用保護具の漏えい（漏れ，破過の著しいとき）

〈各局排についての管理規程細目〉

① ダストやスラッジの処理の頻度および方法
② 各局排の点検・検査チェックリスト
③ 局排の点検頻度およびその方法
④ 故障等異常の場合の対処の仕方
⑤ その他，中和剤など消耗品の補給

⑴ 定期自主検査と点検

局排，プッシュプル型換気装置および除じん装置等用後処理装置については，１年以内ごとに１回，定期に**表２－19**，**表２－20**および**表２－21**に掲げる事項についての定期自主検査（特化則第30条）が，また新設時，変更時等の際にその効果を確認するための点検（特化則第33条）が規定されている。

なお，定期自主検査と点検は，検査の実施に必要な知識，経験および技能をもつ者により実施されることが必要であるが，局排の日常点検は，作業主任者の職務の一つとして規定されていることからも，定期自主検査等の計画策定等にも積極的に参加し，確実に行われるよう協力することが望ましい。局所排気装置および除じん装置等の法定定期自主検査の具体的手法は，指針(注)を参照すること。

表２－19　局所排気装置の定期自主検査事項

ア	フード，ダクト，ファンの摩耗，腐食，くぼみ，その他の損傷の有無およびその程度
イ	ダクトおよび排風機におけるじんあいのたい積状態
ウ	ダクトの接続部における緩みの有無
エ	電動機とファンを連結するベルトの作動状態
オ	吸気および排気の能力
カ	アからオまでに掲げるもののほか，性能を保持するため必要な事項

表２－20　プッシュプル型換気装置の定期自主検査事項

ア	フード，ダクト，ファンの摩耗，腐食，くぼみ，その他損傷の有無およびその程度
イ	ダクトおよび排風機におけるじんあいのたい積状態
ウ	ダクトの接続部における緩みの有無
エ	電動機とファンを連結するベルトの作動状態
オ	送気，吸気および排気の能力
カ	アからオまでに掲げるもののほか，性能を保持するため必要な事項

(注)　平成20. 3. 27公示の局所排気装置の定期自主検査指針（平成20年自主検査指針公示第１号），プッシュプル型換気装置の定期自主検査指針（同公示第２号）および除じん装置の定期自主検査指針（同公示第３号）に具体的な定めがある。

表2－21　除じん装置，排ガス処理装置および排液処理装置の定期自主検査事項

ア　構造部分の摩耗，腐食，破損の有無およびその程度
イ　除じん装置または排ガス処理装置にあっては，当該処理装置内におけるじんあいのたい積状態
ウ　ろ過除じん方式の除じん装置にあっては，ろ材の破損またはろ材取付部等の緩みの有無
エ　処理薬剤，洗浄水の噴出量，内部充塡（てん）物等の適否
オ　処理能力
カ　アからオまでに掲げるもののほか，性能を保持するため必要な事項

⑵　日常点検

局排はそれぞれの作業に合わせて特別に設計，製作された設備であるから点検の方法もまた多様であり，その手法を画一的に決めることは難しい。

しかし，表2－22の基本的事項を中心に，それぞれの局排に適した点検方法を決めておく必要がある。ただし，あまり細部にまでわたって規定すると日常業務としては現実的でないので，必要最小限にとどめる。紙1枚のチェックシートを作成し，「レ」点チェックで記入できるようにしておくと便利である。また，異常部分についてはその処置について記入する。一度決めた点検の頻度は以後，順守すること。

なお，異常時の処置については，各局排の取扱い説明書によること。部品または付属品についてはそれぞれの説明書，メーカーの基準などによること。説明書等を抜き書きしてチェックシートに添付しておけば便利である。

⑶　変更，増設等の対応

工場における生産活動は絶えず変わるのが常である。当然，局排もそれに応じて変更が必要になってくる。しかし局排はフード，ダクト，除じん装置および排風機のそれぞれの性能がすべて相互に関連しているので，一般には改造は難しい。風量を増やすために排風機のみを大きくしても，ダクトなど他の部分が改造されなければ，局排の特性と排風機の特性が適合しないなどのため予期した効果は期待できない。局排改造の可能性を探る目安を表2－23に示す。

なお，局排を改造する場合もあらかじめ所轄労働基準監督署に変更届を提出して承認を得る必要がある。

表2－22　局排の日常点検

点検部位	点　検　内　容	点検頻度
フード	すべてのフードを目視して，取付位置の適否の検査および，工程，製品の変更などによるフードの形状（構造）の良否を確認する。	1週間に1回程度
フレキシブルホース	目視または触れてみて，破れ，異物による閉塞の有無を点検する。	1週間に1回程度
ダクト	外観全体の目視による点検 ダクト内部の粉じんの堆積の有無 排風機の入り口付近のダクトにマノメータを取り付けて，正常値と比較してみる方法が最も簡単で，正確である。マノメータを使用すれば毎日読みとっても大きな負担にはならないであろう。	6カ月ごと
排風機および電動機	排風機および電動機の点検は専門的になるが，日常点検では目視および，聴診による異常騒音，異常振動の有無を確認すればよい。排風機は高速回転している機械であるから，異常が起こると急速に破損事故になることがあるので注意しなければならない。 電動機は電流計の読みを正常値と比較する。 軸受け部分の給油は6カ月ごとに行うことが基準であるが無給油のものもあるので各機器の説明書によること。 電動機は無給油のものが多い。	毎日
除じん装置，洗浄塔等	ダクトまたはスラッジの取り出しの要否，洗浄液または消耗薬品等の補給の要否などの点検。この項目は発生量等により大幅に変わるので，その装置に適した点検周期を設定すること。	装置の状況に合わせて設定
排気口	排気口を目視して，異常の有無の確認ができる場合もある。	毎日
その他	圧縮空気のドレン抜きは毎日あるいは季節によっては1日2回以上行う。 各種安全弁またはダンパの異常の有無は1～6カ月ごとにケースバイケースで判断して決める。	

表2－23　局排の改造可能な例

局排変更	変 更 理 由	変 更 可 能 条 件
ダクトの増設	生産設備の配置替えに伴うダクトの増設，延長	ダクトの圧損を計算しなおし，排風機の静圧に余裕があれば改造可能
フードの改造	製造変更，設備更新等によるフードの構造変更	改造後のフードの所要風量に不足がなければ可能
フードの増設	機械の増設に伴うフードの増設	排風機に風量，静圧の余裕があれば可能 フードの切り替え使用が可能ならば排風機の風量に余裕がなくても可能

第３章

作 業 管 理

本章のねらい

作業管理の進め方をおさらいした後，作業標準等の作成，表示・標識や保護具，非定常作業時の留意事項および緊急時の措置について学びます。

３－１　作業管理の進め方

第２章では作業環境測定や局排の設置などの工学的な改善について学んだが，同じ設備や原材料（化学物質）を使用して作業を行っていても，作業場で発生・拡散している物質の量や作業者へのばく露が異なることがある。隔離や自動化ができない作業場所では作業のやり方（作業方法）で飛散したり，蒸発した有害物を直接浴びたり，吸入する危険性を伴う。このため作業方法を具体的に示し，作業者を指揮することは作業主任者の大切な任務である。適正に定められた作業方法は作業者の健康影響や障害の発生を防止するだけでなく，作業負荷の軽減や効率的な生産にも寄与することが期待される。同時に作業主任者は事業場内の安全衛生スタッフや外部の専門家の協力を得て，作業者に対してよりよい作業管理の教育を進めていく必要がある。

⑴　作業方法決定にあたっての注意事項

作業方法を決定するにあたっては，作業効率のみに目を向けることなく，安全性の確保，作業負荷の軽減や有害物質へのばく露を抑えることも併せて考慮すべきである。作業主任者は，「作業に従事する労働者が特定化学物質により汚染され，またはこれらを吸入しないように，作業方法を決定し，労働者を指揮すること。」が義務付けられている。その主な注意事項として，

①　有害物に直接接触しない，あまり近づかない作業方法とする。

②　有害物の急激な撹拌（かくはん）や温度の過度の上昇を抑える。

③　扇風機等は強力な気流を発生させるため，局排の吸引気流を妨害して有害物を拡散させることがあるので，特に設置位置や気流の方向に配慮する。

④　有害物発散源の風上で作業する。

⑤　局排のフードの中に顔を入れて作業しない。

⑥　有害物の付着したウエスや容器等からの発散を抑えるために密閉容器等を使用する。

⑦　適切な保護具を正しく着用し，使用前後に点検を行う。

⑧　点検作業等の際には，有害物へのばく露を避ける方法を採用する。

⑨　身体に有害物が付着した場合はできるだけ早く手洗い，洗身をし，状況により医師の診断治療を受ける。

⑩　作業衣に有害物が付着する可能性がある時は防護衣の使用を検討する。

⑪　作業中には，設置されている全換や局排を止めない。

⑫　有害物の保管は，風通しの良い冷暗所とする。

◆学習の確認◆

職場での各自の作業方法を見直し，改善すべき項目を挙げてください。

3－2　作業標準等の作成と周知

(1)　作業標準はなぜ必要か

作業標準とは作業を進める上で，作業の安全および衛生を確保しながらムリ，ムダ，ムラを排除して，疲労が少なく，効率よく，良い品質の製品を作るための作業の方法を定めたものである。作業標準は事業場によっては作業規程，作業手順，作業指示書，または作業マニュアル等といった呼び方をされていることがある。

作業標準は，何よりも作業者が安全で，有害な物質のばく露による健康障害を発生させないものでなくてはならない。特定化学物質の取扱作業では溶接ヒュームおよび第三類物質を除けば局排等の設置が義務付けられており，これをいかに効果的に利用できるかについて配慮することが重要である。

適切な作業標準は，次のことを可能にする。

①　作業者へ作業内容を正確に，かつ具体的に伝達する。

作業内容を成文化することにより，口頭指示による誤解を防ぎ，作業者に作業内容を正しく理解させ，誤操作，誤判断を防止する。

② 作業方法を統一する。

適切な作業の方法を見出し，作業方法を統一し個人差をなくす。

③ 責任と権限を明確にする。

各人の職務内容と権限，責任内容が明確になる。

④ 作業方法を改善する。

作成する過程で，各個人の考え方や，作業方法の相違が見出され，より良い方法へ統一するという改善が図られ，次の改善活動の基礎となる。

⑤ 技術的背景や安全の急所等を明示，伝達する。

⑥ 教育訓練用の資料として利用する。

新入社員，新規配属者等に対する教育資料としても利用することができる。

(2) 作業標準の作り方，作成のポイント

ア　作成担当者と承認

作業標準の作成は，作業主任者を中心とし，技術スタッフ，安全衛生スタッフが参加し，それぞれの立場から適切な提言をする。なお，作業者を原案作成に参画させることによって順守実行の確保を図ることができる。

イ　作成のポイント

作業標準に求められることは，作業の概要，要点が正確に把握でき，読んで理解しやすいこと。特に，安全・衛生を確保するための法規制，社内規程等の最低条件と矛盾することがないようにすることである。

そのためには，次のような配慮が必要である。

(ア) 記入の様式

① 記入様式を標準化する。

② 作業の目的および概要が把握できるようにする。

③　可能な限り作業を細分化し，一作業一規定とする。

④　作業手順は工程順に，簡明に書く。

⑤　作業手順，要点，確認事項，注意事項等は分割して書く。

⑥　図や表，あるいは写真等をできるだけ活用する。

⑦　特に危険な作業については可能な限り詳細に記載しておく。

⑧　使用すべき保護具の記入。

⑨　通しのページ No. の記入。

(イ)　表現の様式

作業標準の表現は，それを読み，利用する人の立場に立って書かれたものでなければならない。そのためには，次のような点に配慮する必要がある。

①　読みやすい。

②　具体的でわかりやすい。

③　紛らわしい表現はしない。

④　配列，文章，熟語，記号，符号等については標準化する。

⑤　守りやすい。

⑥　条件の変動に順応する調整の幅がある。

⑦　裁量の限界が明確である。

たとえば「…してはいけない」とか，「…に注意する」といった表現より，「…する」といった表現を用いることが望ましい。

(ウ)　製本の様式

改訂時の差し替えを考えるなら，ルーズリーフ式にするのも一つの方法である。

(エ)　作業標準で取り上げる項目

作業標準には，作業の条件，作業の方法，使用する原材料，使用設備，注意事項などのほかに設備の監視業務や異常，緊急時の判断や処置ができるように作業者がプラントを理解し，運転していくために必要な基準や知識をも含めておくことが望まれる。したがって，作業標準として作成しておく必要がある項目は，おおよそ次のとおりである。

a　運転準備作業

b　運転開始作業

c　正常運転作業

(a)　巡視，点検等のパトロール作業

(b)　引継ぎ業務

(c)　計測，制御装置の監視および微調整

(d)　サンプリング作業，分析作業

(e)　潤滑油の管理

(f)　公害防止，環境管理

d　バルブ，コック等の操作

e　運転停止の準備作業

f　運転停止作業

プラントには連続プロセスとバッチプロセスとがあるが，原料投入量の用意，触媒の用意，用役の確認等の内容が毎日変わることもあるので，aやeに該当するところは十分に配慮して作成する必要がある。

g　異常時の対応

異常時としては次のような事態が想定されるので，これらに対する処置について明記しておくこと。

(a)　設備，機械等の異常な振動，騒音

(b)　計測・制御装置の異常を知らせる警報

(c)　危険有害物等の漏えい，流出

(d)　異常反応

(e)　異常時対応に関わる連絡，報告など

h　緊急時の対応

緊急時として次の場合が想定されるので，これらに対応するための作業標準には，緊急停止作業，避難方法，緊急停止時対応にかかる連絡，報告等について定めておく必要がある。

(a)　停電，断水，スチーム停止，計装用空気停止等による用役停止

(b)　原料停止

(c)　異常反応

(d)　機器故障，計測，制御設備等の故障

(e)　漏えい，流出

(f)　火災，爆発

(g)　人身災害が発生した場合

(h)　地震，風水害，異常寒波など

なお，特化則第20条（作業規程）では，特定化学設備およびその附属設備については，作業規程に次の事項を定めて作業を行わなければならないとして

いる。

① バルブ，コック等（特定化学設備に原材料を送給するとき，および特定化学設備から製品等を取り出すときに使用されるものに限る。）の操作

② 冷却装置，加熱装置，攪拌（かくはん）装置，および圧縮装置の操作

③ 計測装置および制御装置の監視および調整

④ 安全弁，緊急しゃ断装置その他の安全装置および自動警報装置の調整

⑤ ふた板，フランジ，バルブ，コック等の接合部における第三類物質等の漏えいの有無の点検

⑥ 試料の採取

⑦ 管理特定化学設備にあっては，その運転が一時的または部分的に中断された場合の運転中断中および運転再開時における作業の方法

⑧ 異常な事態が発生した場合における応急の措置

⑨ ①～⑧各号の他，第三類物質等の漏えいを防止するため必要な措置

⑶ 作業標準の周知および教育

作業標準の周知にあたっては，知識，技能，態度すなわち頭と体に覚えさせることと，やる気を起こさせる教育が必要である。特に，定められたことは，人が見ていなくても順守するという態度の教育が重要である。

また，周知徹底を図るためには，ヒューマンエラーによる認知ミスなどの他，省略行動による事故事例を挙げ，繰り返し教育することが大切である。設備の更新による自動化などで制御設備の内容がブラックボックス化している場合があるので工程や制御設備の仕組みを教育し，理解させることが必要である。

厚生労働省では，「化学物質による災害発生事例について」と題し，化学物質による中毒等事故のうち，災害予防の参考となる一部の事例を掲載しているので，教育の参考にしていただきたい（「化学物質災害発生事例」で検索）。

⑷　**作業標準の改訂**

設備等の新・増設，改造等，運転方法・条件の変更，原料・材料の変更，法令または社内規則などの改訂などのたびに，作業方法を見直し，すみやかに作業標準を改める。

作業標準改訂後一定期間を経過した後にも，現場の実情に合わせた見直しを行い，必要に応じ改訂を行うことも大切である。

３－３　職場における表示，標識等

生産の現場では，機械設備が有機的なつながりのもとに稼働しており，工程が進むに従って，生成され，副生する化学物質も変化する場合がある。作業者は，原材料の有害性等とともにこれらの変化にも十分配慮した取扱いが必要である。

このため，災害防止の立場から作業標準が整備され，作業者がこれを守ることが大切であり，さらに現場には機器名称，内容物名，取扱い上の注意点，パイプ内の流体の名称，流れ方向，バルブの開閉の方向や開閉状態，立入禁止等の警戒標識，保護具着用の指示，消火器具等の表示をしておく。

また，取り扱う原材料，中間体，製品等の有害性等をラベルに表示し，作業者へ注意喚起することが大切である。

特化則では，一定の設備，容器または作業場について所定の表示等を行うべきことが規定されている（第６章　表６－９参照）。

⑴　**表示，標識に要求される一般的注意事項**

①　表現はできるだけ簡潔で内容の意味が明快である。

②　表示，標識の文字記号は見やすい大きさである。

③　表示，標識は作業者が作業のつどに確認できるように，見やすい位置に設置する。

④　表示，標識は見やすいよう明るい場所に設置する。特に夜間の照明との関係に配慮し，重要な表示，標識には発光塗料の使用や特別の照明をつけるなどの工夫をする。

⑤　表示，標識は時間の経過とともに劣化したり，適切でなくなったりすることがあるので，保守管理には常に十分に注意する。

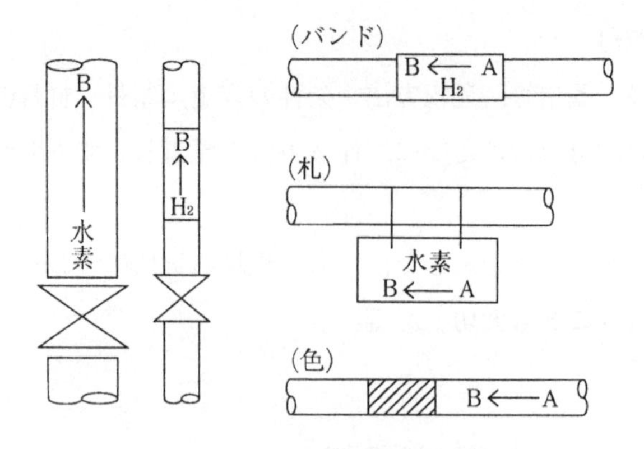

図３－１　配管の表示例

写真３－１　配管の表示例

⑵　配管，バルブの表示

ア　配管

配管については，JIS Z 9102 を参考にして内容物，状態等の表示を行う。管径が太い場合には管自体に，細い場合には表示板，バンド等を取り付け，これに必要事項を記載する。ラックの上の配管や込み入っている配管には，どの設備からどこへと両方の設備を記載し，誤操作が起こらないようにしておく。記載は作業標準記載方法に準じ化学名や化学記号，設備名，数字記号，略号，色別等によりわかりやすく書き込む（**図３－１**および**写真３－１**参照）。

イ　バルブ

㈠　開閉方向の表示

①　ハンドルへの表示

玉型弁などのハンドルには，通常 OPEN－SHUT，O－S，開－閉などの文字

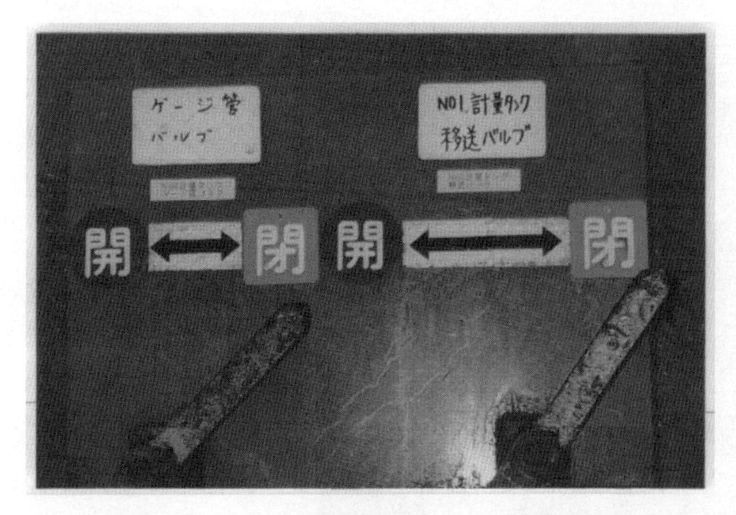

写真３－２　バルブの開閉方向の表示例（ハンドル）

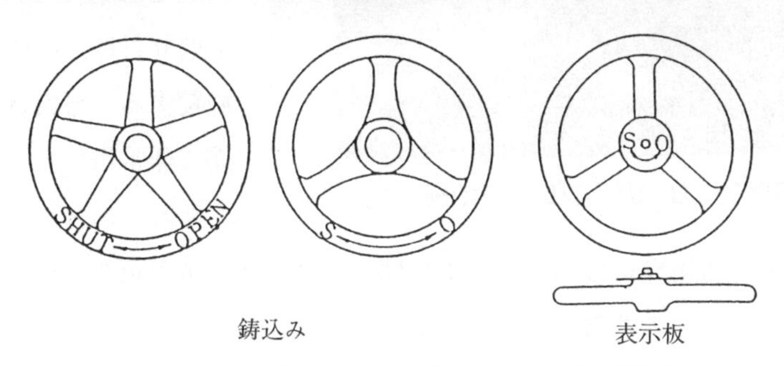

図３－２(a)　バルブの開閉方向の表示例（刻印）

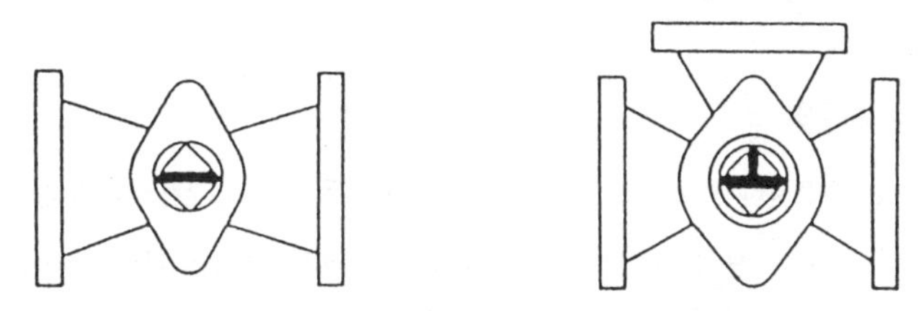

図３－２(b)　バルブの開閉方向の表示例（刻印）

が鋳込まれているが，鋳込みのない場合はそれぞれを書き込んだ表示板を取り付ける（**写真３－２**参照）。

②　刻印

ボールバルブ，コックなどステム（柄）を90度または180度回転して開閉を行うバルブについては，ステムの頭部上面に流れ方向を刻み，ペンキなどで識別しやすいようにする（**図３－２(a)**および**図３－２(b)**参照）。

(イ)　使用区分の表示

①　常時操作するバルブ

内容物の貯蔵，輸送，容器の入れ替えなど同時にいくつかのバルブの操作を要

写真3－3　バルブロックの例

する作業については，作業標準により作業方法を徹底させるとともに，現場には操作方法，注意事項を記した掲示板を掲げる。

②　常時操作しないバルブ

定常運転中はほとんど操作することのないバルブまたは責任者の許可なく操作してはならないバルブについては，その旨を記した表示板を取り付け，必要に応じ鎖で施錠する（**写真3－3**参照）。

③　非常用バルブ類

緊急放出弁，緊急しゃ断弁など手動の非常用弁にはハンドルまたはバルブ全体を黄赤色などの目立つ色を塗り，また遠隔操作の非常用弁は，平常時には操作できないようにカバー，ロックなどの保護装置を付ける。さらに，必要に応じ非常時の操作方法を明示した掲示板を設置する。

⑶　安全，衛生標識

安全色および安全標識についてはJIS Z 9101で「図記号―安全色及び安全標識―安全標識及び安全マーキングのデザイン通則」が，またJIS Z 9103で「図記号―安全色及び安全標識―安全色の色度座標の範囲及び測定方法」が標準化されている。

⑷　有害性の掲示

特定化学物質の有害性情報を，取り扱う労働者に掲示することにより周知させることにより，中毒等の労働災害を未然に防止するために，事業者に対して，当該物を製造し，又は取り扱う作業場には，次の事項を，見やすい箇所に掲示することが求められている（特化則第38条の3）。

①　特定化学物質の名称

②　特定化学物質により生ずるおそれのある疾病の種類およびその症状

③　特定化学物質の取扱い上の注意事項

④　次条に規定する作業場（次号に掲げる場所を除く。）にあっては，使用すべき保護具

⑤　次に掲げる場所にあっては，有効な保護具を使用しなければならない旨および使用すべき保護具

イ　第6条の2第1項の許可に係る作業場（同項の濃度の測定を行うときに限る。）

ロ　第6条の3第1項の許可に係る作業場であって，第36条第1項の測定の結果の評価が第36条の2第1項の第一管理区分でなかった作業場および第一管理区分を維持できないおそれがある作業場

ハ　第22条第1項第10号の規定により，労働者に必要な保護具を使用させる作業場

ニ　第22条の2第1項第6号の規定により，労働者に必要な保護具を使用させる作業場

ホ　金属アーク溶接等作業を行う作業場

ヘ　第36条の3第1項の場所

ト　第36条の3の2第4項および第5項の規定による措置を講ずべき場所

チ　第38条の7第1項第2号の規定により，労働者に有効な呼吸用保護具を使用させる作業場

リ　第38条の13第3項第2号に該当する場合において，同条第4項の措置を講ずる作業場

ヌ　第38条の20第2項各号に掲げる作業を行う作業場

ル　第44条第3項の規定により，労働者に保護眼鏡ならびに不浸透性の保護衣，保護手袋および保護長靴を使用させる作業場

(5)　危険有害性の表示および文書交付

職場で化学物質を取り扱う際に，その危険有害性，適切な取扱い方法等を知らなかったことが原因で，爆発や中毒等の労働災害が発生した事例がしばしば報告されている。このような労働災害を防止するために，化学物質の危険有害性などの情報を確実に伝達し，情報を入手した事業者が，情報を活用してリスクに基づく合理的な化学物質管理を行うことが重要とされている。安衛法では，労働者に危険や健康障害を及ぼすおそれのある一定の物質（安衛法施行令別表第9および別表第3第1号に掲げるラベル表示・SDS交付義務対象物質で特定化学物質も含まれる）について，ラベル・SDSによる情報伝達を義務化している。

キシレン（Xylene）	
成分：キシレン	CAS 番号 :1330-20- 7

危　険

危険有害性情報

引火性液体及び蒸気
飲み込んで気道に侵入すると生命に危険のおそれ
皮膚に接触すると有害
皮膚刺激
強い眼刺激
吸入すると有害
眠気又はめまいのおそれ
生殖能又は胎児への悪影響のおそれ
中枢神経系，呼吸器，肝臓，腎臓の障害
長期にわたる，又は反復ばく露による神経系，呼吸器の障害
水生生物に毒性
長期継続的影響によって水生生物に毒性

注意書き

【安全対策】

使用前に取扱説明書を入手すること。
全ての安全注意を読み理解するまで取り扱わないこと。
熱／火花／裸火／高温のもののような着火源から遠ざけること。－禁煙。
容器を密閉しておくこと。
容器を接地すること／アースをとること。
防爆型の電気機器／換気装置／照明機器を使用すること。
火花を発生させない工具を使用すること。
静電気放電に対する予防措置を講ずること。
粉じん／煙／ガス／ミスト／蒸気／スプレーを吸入しないこと。
粉じん／煙／ガス／ミスト／蒸気／スプレーの吸入を避けること。
取扱後はよく手を洗うこと。
この製品を使用するときに，飲食又は喫煙をしないこと。
屋外又は換気の良い場所でのみ使用すること。
環境への放出を避けること。
保護手袋／保護衣／保護眼鏡／保護面を着用すること。

【応急措置】

飲み込んだ場合：直ちに医師に連絡すること。
皮膚に付着した場合：多量の水と石けん（鹸）で洗うこと。
皮膚（又は髪）に付着した場合：直ちに汚染された衣類を全て脱ぐこと。皮膚を流水／シャワーで洗うこと。
吸入した場合：空気の新鮮な場所に移し，呼吸しやすい姿勢で休息させること。
眼に入った場合：水で数分間注意深く洗うこと。次にコンタクトレンズを着用していて容易に外せる場合は外すこと。その後も洗浄を続けること。
ばく露又はばく露の懸念がある場合：医師に連絡すること。
ばく露又はばく露の懸念がある場合：医師の診断／手当てを受けること。
気分が悪い時は医師に連絡すること。

気分が悪いときは，医師の診断／手当てを受けること。
特別な処置が必要である（このラベルの・・・を見よ）。
無理に吐かせないこと。
皮膚刺激が生じた場合：医師の診断，手当てを受けること。
眼の刺激が続く場合：医師の診断／手当てを受けること。
汚染された衣類を脱ぎ，再使用する場合には洗濯をすること。
火災の場合：消火するために適切な消火剤を使用すること。
漏出物を回収すること。

【保管】
換気の良い場所で保管すること。容器を密閉しておくこと。
換気の良い場所で保管すること。涼しいところに置くこと。
施錠して保管すること。

【廃棄】
内容物／容器を都道府県知事の許可を受けた専門の廃棄物処理業者に依頼して廃棄すること。

【その他の危険有害性】
情報なし

供 給 者：○○○○株式会社

毒物及び劇物取締法：	劇物	医薬用外劇物
消防法：	第４類引火性液体，第二石油類非水溶性液体，危険等級Ⅲ，火気厳禁	
国連番号：	1307	
指針番号：	130	
ロットNo.	XYZ0123	

図３－３　ラベル表示の例

ア　表示；ラベル表示

安衛法第57条では，特定化学物質など危険有害性が明らかな一定の化学物質を容器等に入れ，または包装して譲渡し提供する者は，容器または包装に以下の事項を記載することが求められている。なお，JIS Z 7253に準拠した記載をすればこれらの事項を満たすとされている（図３－３参照）。

㈠　表示すべき事項

①　名称

②　人体に及ぼす作用

③　貯蔵または取扱い上の注意

④　①から③までに掲げるもののほか，安衛則第33条で定める以下の事項

a　安衛法第57条第１項の規定による表示をする者の氏名（法人にあっては，その名称），住所および電話番号

b　注意喚起語

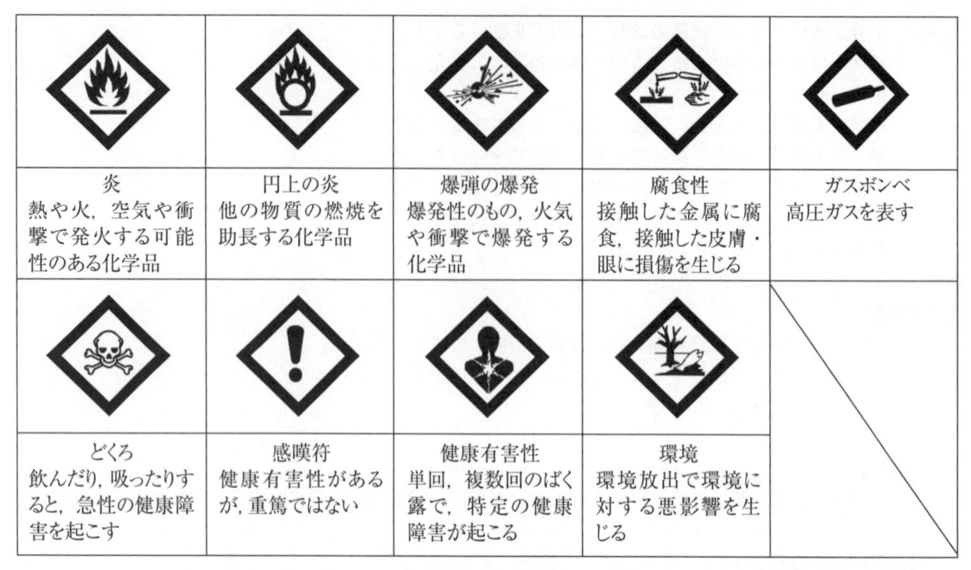

炎	円上の炎	爆弾の爆発	腐食性	ガスボンベ
熱や火，空気や衝撃で発火する可能性のある化学品	他の物質の燃焼を助長する化学品	爆発性のもの，火気や衝撃で爆発する化学品	接触した金属に腐食，接触した皮膚・眼に損傷を生じる	高圧ガスを表す
どくろ	感嘆符	健康有害性	環境	
飲んだり，吸ったりすると，急性の健康障害を起こす	健康有害性があるが，重篤ではない	単回，複数回のばく露で，特定の健康障害が起こる	環境放出で環境に対する悪影響を生じる	

図３－４　安衛法第57条第１項第２号の規定に基づき厚生労働大臣が定める標章（GHS勧告による絵表示）と意味

c　安定性および反応性

(イ)　当該物を取り扱う労働者に注意を喚起するための標章で厚生労働大臣が定めるもの（図３－４）。

イ　文書交付：SDS

安衛法 57 条の２では，特定化学物質など危険有害性が明らかな一定の化学物質を譲渡し提供する場合に，譲渡提供者には，文書等により以下の事項を通知することが求められている。なお，JIS Z 7253 に準拠した記載をすればこれらの事項を満たすとされている。

①　名称

②　成分およびその含有量

③　物理的および化学的性質

④　人体に及ぼす作用

⑤　貯蔵または取扱い上の注意

⑥　流出その他の事故が発生した場合において講ずべき応急の措置

⑦　安衛則第 34 条の２の４で定める事項

a　安衛法第 57 条の２第１項の規定による通知を行う者の氏名（法人にあっては，その名称），住所および電話番号

b　危険性または有害性の要約

c　安定性および反応性

d　想定される用途および当該用途における使用上の注意

e　適用される法令

f　その他参考となる事項

⑹　法令等による周知（掲示）

安衛法第101条第4項により事業者はSDSにより通知された事項を各作業場の見やすい場所に常時掲示し，または備え付けることで労働者に周知させなければならないとしている。

① 事業者は，この法律およびこれに基づく命令の要旨を常時各作業場の見やすい場所に掲示し，または備え付けることその他の厚生労働省令で定める方法により，労働者に周知させなければならない。

② 事業者は，安衛法第57条の2第1項または第2項の規定により通知された事項を，化学物質，化学物質を含有する製剤その他の物で当該通知された事項について当該物を取り扱う労働者に周知させなければならない。

・当該容器等を取り扱う労働者が容易に知ることができるよう常時作業場の見やすい場所に掲示または備え付けること。

・表示事項等を記載した一覧表を当該作業場に備え置く。

・表示事項等を，電子計算機に備えられたファイルまたは電磁的記録媒体をもって調製するファイルに記録し，かつ，当該容器等を取り扱う作業場に当該容器等を取り扱う労働者が当該記録の内容を常時確認できる機器を設置する。

⑺　事業者による表示および文書の作成等

ア 事業者によるラベル表示等

安衛則第32条の2の名称等の表示において，標示，通知対象物を容器に入れまたは包装して保管するときは（安衛法第57条第1項の規定による表示をされたものを保管する場合を除く。），当該物質の表示事項のうち，最低限の表示として「名称」および「人体に及ぼす作用」について保管する容器に明示することを義務付けている。具体的には「化学物質の危険性又は有害性の表示又は通知等の促進に関する指針（平成24年厚生労働省告示第133号。令和4年5月31日改正（以下,「指針」という。)）において，安衛法第57条の譲渡提供者による譲渡提供時のおける表示または通知とは別に，事業場内での危険有害性のある化学物質を取り扱うにあたって表示および文書（SDS）の作成，掲示，表示が困難な場合における代替え措置等が指針で定められている。

①　事業者（化学物質等を製造し，または輸入する事業者および当該物の譲渡または提供を受ける相手方の事業者をいう。）は，容器に入れ，または包装した化学物質等を労働者に取り扱わせるときは，当該容器または包装に，表示事項等を表示することが求められている（譲渡提供時の表示がされた容器等をそのまま使用する場合を除く。）。表示事項は，名称，人体に及ぼす作用，貯蔵または取扱い上の注意，表示をする者の氏名，住所および電話番号，注意喚起語，安定性および反応性，労働者に注意を喚起するための標章で，このうち保管する容器への名称，人体に及ぼす作用の記載は記載義務である。また，容器または包装に，表示事項等を印刷し，または表示事項等を印刷した票箋を貼り付け，または票箋を当該容器または包装に結びつけて表示をすることにより労働者の化学物質等の取扱いに支障が生じるおそれがある場合など表示が困難（注）な場合は，代替え措置による表示ができる。

イ　事業場内表示が困難な場合の代替え措置

①　当該容器等に名称，人体に及ぼす作用を表示し，必要に応じ絵表示を併記する。

・タンク，配管等への名称の表示にあたっては，タンク名，配管名等を周知した上で，当該タンク，配管等の内容物を示すフローチャート，作業標準書等により労働者に伝えることも含む。
・絵表示は，白黒の図で記載しても差し支えない。
・絵表示のほか，注意喚起語等，表示事項の一部を併記しても差し支えない。

②　表示事項等を，当該容器等を取り扱う労働者が容易に知ることができるよう常時作業場の見やすい場所に掲示，もしくは表示事項等を記載した一覧表を当

（注）事業場内での表示をすることにより労働者の化学物質等の取扱いに支障が生じるおそれがある場合または同項ただし書の規定による表示が困難な場合

・容器等の表示と内容物を一致させることが困難な場合（反応中の化学物質の入ったもの，成分，含有率，化学物質の状態等の変化が生じる操作（希釈，洗浄，脱水，乾燥，蒸留等）を行っているもの）
・内容物が短時間（おおむね１日以内）に入れ替わる場合，
・物理的制約により困難である場合（容器が小さく表示事項等のすべてを表示することが困難な場合，取扱い物質の数が多く表示事項等の全てを表示することが困難な場合および容器に近づけないまたは容器が著しく大きいことからラベルを労働者が確認することが困難な場合）
・容器等（移動式以外のものに限る）の内容物が頻繁に（おおむね２週間以内に）入れ替わる場合等

該作業場に備え置く。表示事項等を，電子計算機に備えられたファイルまたは電磁的記録媒体をもって調製するファイルに記録し，かつ，当該容器等を取り扱う作業場に当該容器等を取り扱う労働者が当該記録の内容を常時確認できる機器を設置する。

・掲示等にあたっては，譲渡提供時に交付されたSDSを利用しても差し支えない。

・廃液については，廃棄物の処理及び清掃に関する法律（昭和45年法律第137号）に基づく産業廃棄物または特別管理産業廃棄物に係る掲示が行われていれば，当該掲示をもって本条に基づく表示に代えることができる。

ウ　SDSの掲示等

事業者は，化学物質等を労働者に取り扱わせるときは文書（SDS）を，常時作業場の見やすい場所に掲示し，または備え付ける等の方法により労働者に周知するものとする。

（学物質等の危険性又は有害性等の表示又は通知等の促進に関する指針第４条第１項，第４項（要旨））

3－4　労働衛生保護具

⑴　保護具の考え方

保護具は，臨時の作業等適正な作業環境が得られない場合や一時的な有害物質の発散が考えられる場合に対する対策であり，基本は，作業環境管理を徹底して有害物質の発散を防止し，保護具を着用しなくても安全な環境を保持すべきである。

使用する保護具の決定にあたっては，衛生管理者，作業主任者等労働衛生に関する知識および経験を有する者のうちから，各作業場ごとに保護具着用管理責任者を指名して，その者により有害物のばく露形態や濃度，作業方法，着用による負荷，作業時間，着用のしやすさ，酸欠状態の確認等対象とする有害物質以外の要因も考慮の上で管理するとともに，着用者に対しては，保護具着用の必要性を十分に教育しなければならない。

⑵　保護具の種類と使用上および選択上等の留意点

特定化学物質による健康障害を防止するため，現場で使用する保護具の種類は多く，かつ，物質が有する化学的性状によって保護具を選択しなければならない。特定化学物質と保護具の関係は，**資料－表３**（p.198）に示してある。以下，これら保護具の選択上および使用上等の留意点について述べる。

ア　呼吸用保護具

防毒マスクや防じんマスク，送気マスク等の選定にあたっては対象物質に適したものを選択する。また酸欠危険場所では指定防護係数が1,000以上の全面形面体を有する給気式呼吸用保護具以外のものは使用できない。

(ア)　呼吸用保護具の種類と特性は図３－５を参照。

(イ)　選択上の留意点

①　国家検定に合格したものを使用する（図３－７参照）。

②　有害物質の種類と濃度によって有効なものを選ぶ。

③　作業環境や作業負荷に応じたものを選択する。

④　目を刺激する物質には全面形面体を使用。

⑤　ガス，粉じんが混在する場合は，防じん機能を有する防毒マスクを使用する。

⑥　着用者の顔に適合した形状と大きさの面体を選択する。

⑦　性能が良い呼吸用保護具を選定する。

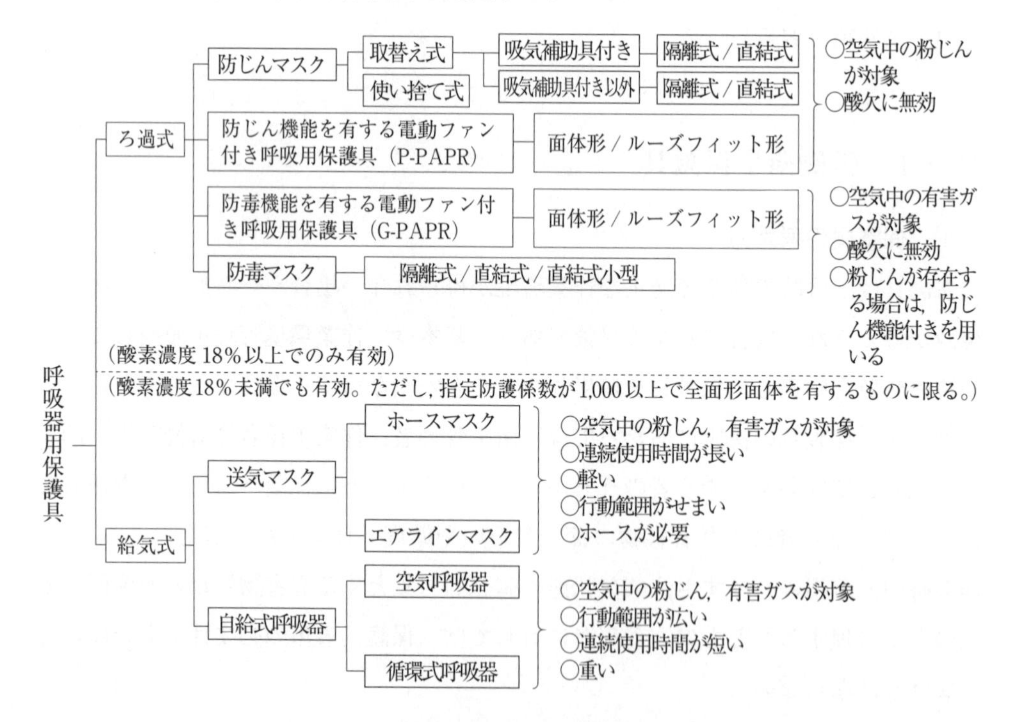

図３－５　呼吸用保護具の種類と特性

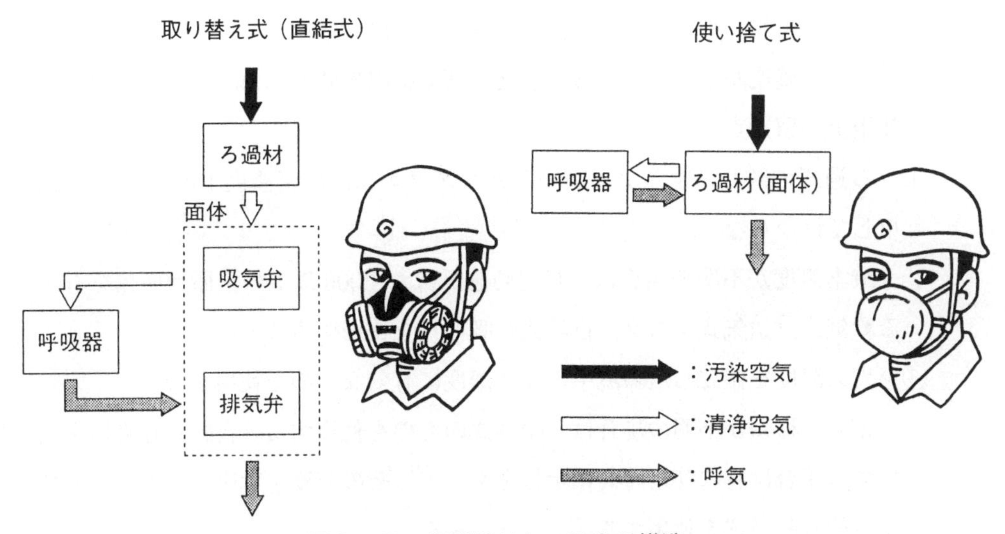

図３－６　各種防じんマスクの構造

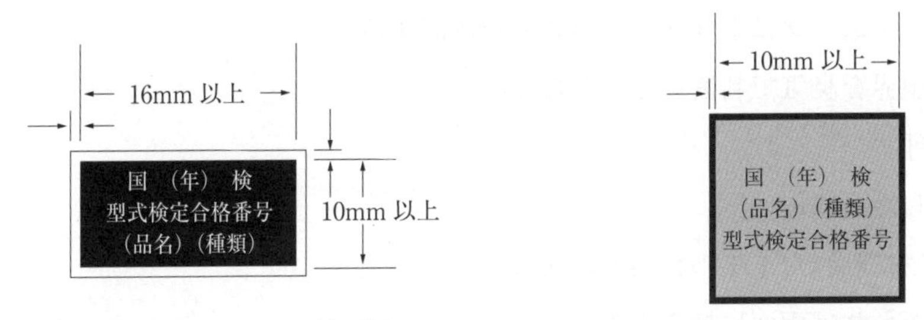

（吸気補助具付き防じんマスク以外の防じんマスク，防毒マスク及び電動ファン付き呼吸用保護具用）

※縁の幅は 0.1mm 以上～1mm 以下

（吸気補助具が分離できる吸気補助具付き防じんマスクの吸気補助具，防じんマスク若しくは電動ファン付き呼吸用保護具のろ過材，防毒マスクの吸収缶（防じん機能を有する防毒マスクに具備されるものであって，ろ過材が分離できるものにあっては，ろ過材を分離した吸収缶及びろ過材）又は電動ファンが分離できる電動ファン付き呼吸用保護具の電動ファン用）

図３－７　型式検定合格標章

a　捕集効率が高い。

b　吸排気抵抗が低い。

c　吸気抵抗上昇率が低い。

d　重量が軽い。

e　視野が広い。

⑧　作業環境測定の評価の結果が，第３管理区分となり，呼吸用保護具の着用が必要となった場合は，環境中の化学物質の濃度を求め呼吸用保護具の要求防護係数を算出し，その値を上回る指定防護係数を有する呼吸用保護具を選定し使用する必要がある。

要求防護係数 PFr ＝ C/C_0

C ：環境中の化学物質の測定結果のうち最大濃度

C_0：濃度基準値または管理濃度，ばく露限界濃度

(ｳ) 使用上の留意点

① ろ過式の防じんマスクおよび防毒マスク等は，酸素濃度18％未満では使用してはならない。

② 酸素濃度が不明の場合は，指定防護係数が1,000以上の全面形面体を有する給気式（送気式マスク，自給式呼吸器）を使用すること。

③ ガス濃度を確認し，環境中のガス濃度に有効なものを使用する。

ガスの種類が不明の場合は，給気式のものを使用する。自給式呼吸器を使用する場合は特に使用時間に余裕をもって，その限度を考慮し，大型のものや自給式呼吸器を使用する。

④ 有効使用時間（破過時間）を確認しその範囲で使用する。

⑤ シールチェックによりマスクの装着を確認する。

⑥ 有効限界を臭気で判断してはならない。

(ｴ) 保守管理

① 開封した吸収缶

a 外気に触れたままの状態での保管をしない。

b 栓があれば両面に栓をする。

c 栓のないものは，ポリエチレン等の袋に入れ外気としゃ断して保管する。

② 吸収缶の気密を保つパッキンや排気弁に異常があれば，直ちに交換し完全な性能を保つ。

呼吸用保護具の使用が必要な作業者には，使用方法，取扱い上の注意，管理の方法について，教育訓練を行うこと。

③　面体は清潔に保つ。

(オ)　金属アーク溶接作業に関して

金属をアーク溶接する作業，アークを用いて金属を溶断し，またはガウジングする作業その他の溶接ヒュームを製造し，または取り扱う作業を継続して行う場合は，作業者に有効な呼吸用保護具を使用させなければならないとしている。この有効な呼吸用保護具として以下の事項に留意して使用させる。

①　要求防護係数の算出

溶接ヒューム濃度測定で得られたマンガンの時間加重平均濃度の最大値（C）を使用して，次式により要求防護係数を算出

$$\text{要求防護係数}\ PFr = \frac{C}{0.05}$$

②　呼吸用保護具の選択

要求防護係数を上回る指定防護係数（**表3－1**）を有する呼吸用保護具を選択する。

③　フィットテストと結果の記録

呼吸用保護具の適切な装着を確認するため，金属アーク溶接等作業を継続して行う屋内作業場では，溶接ヒュームの個人ばく露測定結果に応じて選択された呼吸用保護具のうち，面体を有するものを使用させるときには，1年以内ごとに1回，定期に当該呼吸用保護具が適切に装着されていることを確認(以下「フィットテスト」[注1]という。)する。あわせて，その結果を記録[注2]し，3年間保存する。

(注1)　フィットテスト：

JIS T 8150（呼吸用保護具の選択，使用及び保守管理方法）に定める定量的フィットテストによる方法により，顔面と呼吸用保護具の面体との密着性の程度を示す係数（以下「フィットファクタ」という。）を求め，フィットファクタが呼吸用保護具の種類に応じた要求フィットファクタを上回っていることを確認する。定量的フィットファクタは，呼吸用保護具の外側と内側のそれぞれの測定対象物質の濃度を測定し，以下の計算式により求める。

$$FF\ (\text{フィットファクタ}) = \frac{(C\text{out}\ (\text{呼吸用保護具の外側の測定対象物質の濃度}))}{(C\text{in}\ (\text{呼吸用保護具の内側の測定対象物質の濃度}))}$$

定量的フィットファクタを測定することができる機器として，マスクフィッティングテスターやマスクフィットテスターの名称で，漏れ率測定装置が市販されている。

また，半面形面体を有する呼吸用保護具を使用させる場合には，JIS T 8150に定める定性的フィットテストのうち定量的な評価ができる方法でも良い。

(注2)　保存すべきフィットテストの結果記録

①確認を受けた者の氏名，②確認の日時，③装着の良否，④確認を外部に委託して行った場合は，委託先の名称等

表３－１　呼吸用保護具の種類ごとの指定防護係数

当該呼吸用保護具の種類					指定防護係数
防じんマスク	取替え式	全面形面体	RS3 又は RL3		50
			RS2 又は RL2		14
			RS1 又は RL1		4
		半面形面体	RS3 又は RL3		10
			RS2 又は RL2		10
			RS1 又は RL1		4
	使い捨て式		DS3 又は DL3		10
			DS2 又は DL2		10
			DS1 又は DL1		4
防毒マスク[a)]	全面形面体				50
	半面形面体				10
防じん機能を有する電動ファン付き呼吸用保護具（P- PAPR）	面体形	全面形面体	S 級	PS3 又は PL3	1,000
			A 級	PS2 又は PL2	90
			A 級又は B 級	PS1 又は PL1	19
		半面形面体	S 級	PS3 又は PL3	50
			A 級	PS2 又は PL2	33
			A 級又は B 級	PS1 又は PL1	14
	ルーズフィット形	フード 又はフェイスシールド	S 級	PS3 又は PL3	25
			A 級	PS3 又は PL3	20
			S 級又は A 級	PS2 又は PL2	20
			S 級、A 級又は B 級	PS1 又は PL1	11
防毒機能を有する電動ファン付き呼吸用保護具（G- PAPR）[b)]	防じん機能を有しないもの	面体形	全面形面体		1,000
			半面形面体		50
		ルーズフィット形	フード 又はフェイスシールド		25
	防じん機能を有するもの	面体形	全面形面体	PS3 又は PL3	1,000
				PS2 又は PL2	90
				PS1 又は PL1	19
			半面形面体	PS3 又は PL3	50
				PS2 又は PL2	33
				PS1 又は PL1	14
		ルーズフィット形	フード 又はフェイスシールド	PS3 又は PL3	25
				PS2 又は PL2	20
				PS1 又は PL1	11

注[a)] 防じん機能を有する防毒マスクの粉じん等に対する指定防護係数は、防じんマスクの指定防護係数を適用する。
有毒ガス等と粉じん等が混在する環境に対しては、それぞれにおいて有効とされるものについて、面体の種類が共通のものが選択の対象となる。
注[b)] 防毒機能を有する電動ファン付き呼吸用保護具の指定防護係数の適用は、次による。なお、有毒ガス等と粉じん等が混在する環境に対しては、①と②のそれぞれにおいて有効とされるものについて、呼吸用インタフェースの種類が共通のものが選択の対象となる。
① 有毒ガス等に対する場合：防じん機能を有しないものの欄に記載されている数値を適用。
② 粉じん等に対する場合：防じん機能を有するものの欄に記載されている数値を適用。

なお，フィットテストの実施については，フィットファクタの精度等を確保するために，十分な知識および経験を有する者が実施するべきとされている。このため，厚生労働省は，「フィットテスト実施者に対する教育実施要領」を公表し，基本教育の実施方法，カリキュラム等を示した。教育対象者は，事業場内のフィットテスト実施者および事業場の委託を受けてフィットテストを実施する外部機関等のフィットテストを実施者としており，特定化学物質作業主任者，保護具着用管理責任者，作業環境測定士，産業保健スタッフ等の労働衛生に関する知識および経験を有する者が望ましいとされている。

㈸ 第３管理区分に区分された事業場に関して

作業環境測定の評価結果が第３管理区分の場所においては，「第３管理区分に区分された場所に係る有機溶剤等の濃度の測定の方法等を定める告示」（令和４年11月30日厚生労働省告示第341号（令和６年４月10日一部改正））に定める方法により，１年以内ごとに１回，定期に，フィットテストを実施しなければならないとされている。

イ　労働衛生保護手袋等

特化則第44条には，皮膚に障害を与え，もしくは皮膚から吸収されることにより障害を起こすおそれのある所定の特定化学物質の製造・取扱い作業には，不浸透性の保護衣・保護手袋・保護長靴等を備え付け，労働者に使用させることが定められている。特定化学物質の飛沫，ミスト，蒸気等に直接接触することによる薬傷や経皮侵入を避けるために，**資料－表４**（p.200）に掲げる手袋等の素材と耐薬品，耐油，耐溶剤性等と取扱説明書等に記載された情報を参考に選択する。

また，取扱説明書等に記載された試験化学物質に対する耐透過性クラスを参考として，作業で使用する化学物質の種類および当該化学物質の使用時間に応じた耐透過性を有し，作業性の良いものを選択する。

なお，JIS T 8116（化学防護手袋）では，「透過」を「材料の表面に接触した化学物質が，吸収され，内部に分子レベルで拡散を起こし，裏面から離脱する現象」と定義し，試験化学物質に対する平均標準破過点検出時間を指標として，耐透過性を，クラス1（平均標準破過点検出時間10分以上）からクラス6（平均標準破過点検出時間480分以上）の6つのクラスに区分している（**表3－2**参照）。この試験方法は，米国試験材料協会の規格であるASTM F739と整合しているので，ASTM規格適合品も，JIS適合品と同等に取り扱って差し支えない。

また，事業場で使用されている化学物質が取扱説明書等に記載されていない場合は，製造者等に事業場で使用されている化学物質の組成，作業内容，作業時間等を伝え，適切な化学防護手袋の選択に関する助言を得て選ぶ。

⑺　化学防護手袋の使用にあたっての留意事項

化学防護手袋の使用にあたっては，次の事項に留意する。

① 化学防護手袋を着用する前には，そのつど，着用者に傷，孔あき，亀裂等の外観上の問題がないことを確認させるとともに，化学防護手袋の内側に空気を吹き込むなどにより，孔あきがないことを確認させる。

② 化学防護手袋は，当該化学防護手袋の取扱説明書等に掲載されている耐透過性クラス，その他の科学的根拠を参考として，作業に対して余裕のある使用可能時間をあらかじめ設定し，その設定時間を限度に化学防護手袋を使用させること。なお，化学防護手袋に付着した化学物質は透過が進行し続けるので，作業を中断しても使用可能時間は延長しないことに留意すること。また，乾燥，洗浄等を行っても化学防護手袋の内部に侵入している化学物質は除去できないため，使用可能時間を超えた化学防護手袋は再使用させない。

③ 強度の向上等の目的で，化学防護手袋とその他の手袋を二重装着した場合でも，化学防護手袋は使用可能時間の範囲で使用させる。

表3－2　耐透過性の分類

クラス	平均標準破過点検出時間（分）
6	> 480
5	> 240
4	> 120
3	> 60
2	> 30
1	> 10

④　化学防護手袋を脱ぐときは，付着している化学物質が，身体に付着しないよう，できるだけ化学物質の付着面が内側になるように外し，取り扱った化学物質のSDS，法令等に従って適切に廃棄させる。

(イ)　化学防護手袋の保守管理上の留意事項

化学防護手袋は，有効かつ清潔に保持すること。また，その保守管理にあたっては，製造者の取扱説明書等に従うほか，次の事項に留意すること。

①　予備の化学防護手袋を常時備え付け，適時交換して使用できるようにすること。

②　化学防護手袋を保管する際は直射日光，高温多湿を避け，冷暗所に保管する。また，オゾンを発生する機器（モーター類，殺菌灯等）の近くに保管しないこと。

ウ　産業用ゴーグル形保護眼鏡

保護眼鏡は，化学薬品の取扱いの際，飛沫による傷害，酸等による火傷の危険やヒュームにばく露する危険があるときに使用する。額に付着したものが流れ眼に入ったり，側面からの侵入を考慮し，ゴーグルタイプのものの使用が望ましい（図３－８）。

また，多くの製造事業場で使用されているヘルメットに組み合わせて使用されるフェイスシールドも飛沫を浴びない組み合わせとして有効である。

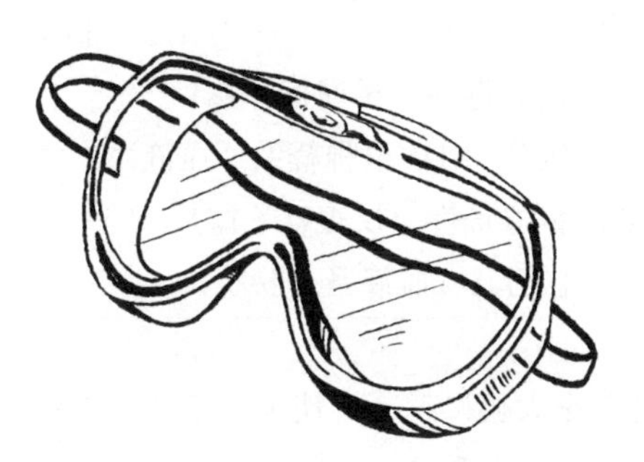

図３－８　眼の保護のための安全ゴーグル

＜参考＞

災害事例：効果のなくなった保護手袋を使用した重篤な健康障害

ア　災害発生状況

オルト－トルイジン，2,4－キシリジン等の芳香族アミンの原料から，染料・顔料中間体を製造する工程において，原料の反応工程および乾燥工程で作業に従事していた労働者が膀胱がんを発症した。

災害発生後の詳細調査において，通常，呼吸用保護具と保護手袋を使用しており，作業環境測定や個人ばく露測定の結果から，オルト－トルイジンを吸入したことによるばく露は大きくないと考えられた。生物学的モニタリング結果から体内にオルト－トルイジンが入っていることが判明しており，作業者の服装や，作業に従事した労働者の保護手袋の内側や手指からオルト－トルイジンが検出していることを踏まえ，労働者の皮膚から吸収されたオルト－トルイジンのばく露が原因と示唆される。

なお，作業に使用した保護手袋は，洗浄して繰り返し長期間にわたり使用していたことが判明している。

オルト－トルイジンの有害性情報等

液体（沸点 200℃）

眼に対する重篤な損傷性／眼刺激性	区分 2A
生殖細胞変異原性	区分 2
発がん性	区分 1A
特定標的臓器毒性（単回ばく露）	区分 1（中枢神経系，血液系，膀胱）
特定標的臓器毒性（反復ばく露）	区分 1（血液系，膀胱）

イ　災害発生の原因

保護手袋の耐透過時間を大幅に超えて使用を続けたこと。化学物質による皮膚からの吸収について，十分な教育が行われていないこと。

ウ　再発防止対策

- 化学物質の危険性・有害性を把握し，必要なばく露防止対策を講ずる。
- 取り扱う化学物質に適合した素材の保護手袋を選択し，作業方法（皮膚接触の程度）を考慮して使用限度時間を定めるなど，正しい使用方法を徹底する。
- 皮膚障害等防止用の保護具について，労働者向けの教育を行う。

（出典：「保護具着用管理責任者ハンドブック」（中央労働災害防止協会）より転載）

◆学習確認◆

保護具を使用している場合，その管理方法が明確になっていますか？

3－5　非定常作業

化学設備に係る災害は，当該設備の保全的作業，トラブル対処作業等のいわゆる非定常作業において多数発生しており，非定常作業における災害の発生率は，定常作業に比較して，相当程度高い状況にある。このため，化学設備の非定常作業における安全衛生対策について，「化学設備の非定常作業における安全衛生対策のためのガイドライン」(注) が策定されている。

(1)　非定常作業とは

「非定常作業」という言葉を的確に定義することは難しい。半年とか１年に１回しか行われない作業であっても繰り返し行われる作業であれば，「定常作業」であるとも考えられるが，ここでは，日常的に繰り返し行われることが少ないため，作業者が習熟する機会に乏しく，作業により生ずる事態を予測しにくい作業を「非定常作業」と呼ぶことにする。たとえば次のような作業が対象となる。

①　保全的作業（不定期に，あるいは年１回の定期修理等，長い周期においてのみ行われる液抜き，解体，補修，清掃，検査等の作業）

②　トラブル対処作業（異常，不調，故障等の操業トラブル発生に対処する作業）

③　移行段階の作業（原料，製品，操業条件等の切り替えや変更の作業，あるいは，いくつかの部門の関係する作業）

④　試運転，試作，開発研究等の初めて経験する作業で，結果の予測しにくい作業

このような「非定常作業」に共通する特徴として次のようなことが挙げられる。

・　頻度が少ないため，経験の浅い作業が多い。
・　作業標準を作成しにくい作業が多い。
・　時間的に余裕がない作業がある。
・　責任体制が明確でないことが多い。
・　作業が断続的であって，作業内容が変化しやすい。

(注)　化学設備の非定常作業における安全衛生対策のためのガイドライン（平成 8.6.10 基発第 364 号，最終改正：平成 20.2.28 基発第 0228001 号）

・　状況把握が十分できないことがある。

・　関連部門が複雑にわたり，連携作業が多い。

・　外注で事業場外からの業者が入構して行う作業もある。

・　作業環境の整備，安全の維持に特別な配慮が必要になることが多い（局排が使用できないかまたは局排が設置できない作業が多い)。

(2)　非定常作業において発生した労働災害

中央労働災害防止協会が，非定常作業の区分別発生状況を分析した結果（図３－９）は，保全作業が過半数を占め，次いでトラブル対処作業が28％となっており，移行段階の作業，試行作業は比較的少なかった。

(3)　設備の改造等設備の内部に立ち入る作業にあたっての措置

①　特定化学物質を製造する等の設備または特定化学物質を発生させる物質を入れたタンク等で，当該特定化学物質が滞留するおそれのあるものの改造，修理，清掃等でこれらの内部に立ち入る作業等

②　上記①以外の設備で溶断等により特定化学物質を発生させるおそれのある設備を分解する等の作業

上記作業を行う際は，作業者が酸素欠乏，ガス中毒，火傷，薬傷，感電，攪拌(かくはん)機などの誤起動による災害の危険性が大きいので，作業指揮者を選任し，その者に作業を指揮させる等の措置が必要である。

ア　開放開始にあたっての安全措置

①　圧抜き，冷却等を行った後，内容物を抜き出す。

②　不活性ガス置換，水洗，空気置換等を十分に行う。

③　縁切り（配管取り外し，閉止板，仕切板の挿入等），スイッチの開放，施錠等を行う。バルブのみでは，完全にしゃ断することはできないので，仕切板の挿入などにより万全を期さねばならない。

④　仕切り部分の確認と表示を行う（図３－１０参照)。

⑤　非常時に備えて，作業場から労働者を退避させるために，はしご等の器具を備える。

また，アンモニア製造プラントなど，反応器内の触媒を交換する場合に，触媒が空気との接触により発熱するため，窒素雰囲気で作業をする必要がある場合などは，使用するエアラインマスク等について，十分な点検と，酸欠の安全教育を徹底することが必要である。

イ　開放作業を進める際の措置

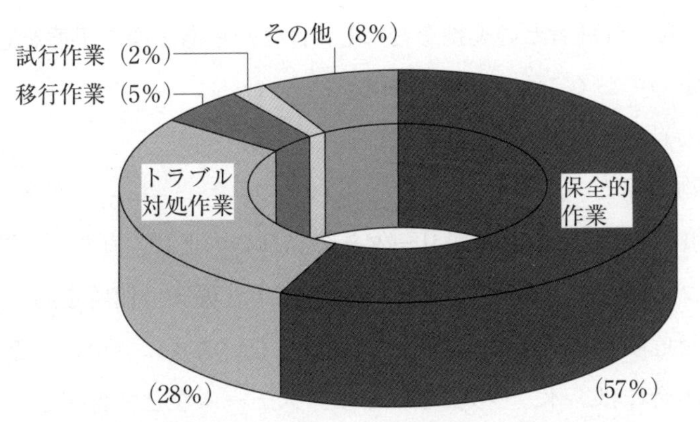

出典：中央労働災害防止協会「化学設備等における非定常作業の安全」

図３－９　非定常作業における災害の区分別構成比

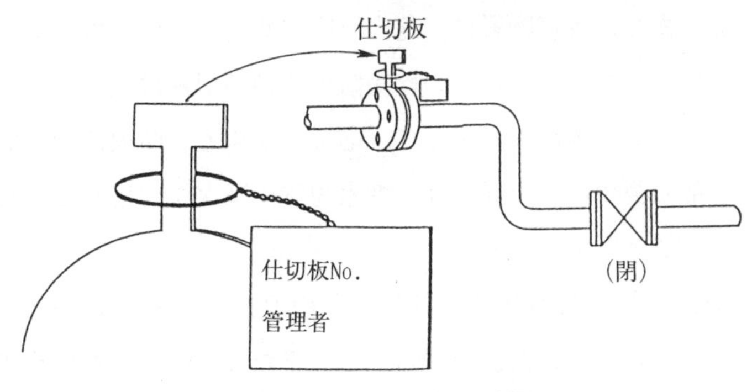

図３－10　仕切板と確認

マンホール等の開放は残存物の有無を確認しながら徐々に行う。容器を開放しても，内部にすぐには入らず，「開放中－立入禁止」の表示をし，内部にガス，油，残さい物が残っていないか，人が立ち入っても安全な環境濃度にあるかを確認する。タンク内のガスの検知は，臭いや色などの感覚のみによる判定をさけ，必ずガス検知器などの測定機器を使用してタンク内全体が安全な濃度かを確認する。特に酸素濃度に注意を要する。安全が十分に確認された時点で立入りを許可する。

⑷　緊急時の措置

化学工場では，引火性や爆発性の危険物，有害性物質などが反応槽，配管，貯槽などに大量に滞留しており，漏えいや噴出事故，異常反応による破裂，爆発やガスの吸入による中毒，火傷といった人身，設備災害の危険性が大きい。また，いったん事故が発生すると，工場内のみならず近隣にも大きな損害を与える事故例も多い。事故になる前の早いうちにその兆候を発見して，適切な対処をとることが何より大事であるといえる。

そのためには，安全管理者との連携を密にし，普段からあらゆる事態を想定して，その対処方法を定めておくことが必要である。

ア　緊急事態の対策と事例

(ア)　危険有害物の漏えい，噴出

① 漏えい，噴出に際しては，職場リーダーの指揮のもとに，直ちに火源の消火，近くのバルブの閉止や，減圧，冷却などを行って，漏えい箇所を局限化する。

② 漏えいした危険有害物を排水溝などに逸散しないように，土のう等により導き，気体の場合には，水，空気，N_2，CO_2，スチームなどで希釈し，必要に応じ運転の緊急停止などの処置を講じる。

③ 漏えいした危険有害物はなるべくすみやかに汲み取り，拡散剤，砂等を使って除去する。また，有害物質は，適当な除害薬剤を用いて処理する。

④ 火災が発生した場合は，通常の職場防災活動の訓練に従い，消火に取り組むが，併せて工場消防本部に連絡して，応援を求める。防火活動は危険物の種類により消火剤の種類などが異なり，禁水物質には水を使用しないなど普段から訓練しておくことが必要である。

⑤ 大量に漏えいし，自治体消防隊員等との連携を図る必要がある場合，SDS等を渡し，取扱い化学物質等を報告する。また，そのような場合のため，SDSを常に備えておく。

⑥ 有毒ガスが発生する場合は，防毒マスク等の保護具を着用するが，使用する物質ごとに，必要個数を準備し，吸収缶の性能については常にチェックしておかなければならない。

(イ)　異常反応の発生

制御異常，誤操作，機器の故障，停電による攪拌（かくはん）停止などにより異常反応，異常分解などを起こすことが多い。反応器の温度や圧力の制御異常により，反応が急激に進んだり，重合，分解反応などが起こることがあり，その結果，急激な温度，圧力の上昇を伴い，継ぎ手部分からのガスの噴出，反応器の破裂などの災害の危険が大きい。

異常反応の兆候を検出した場合，直ちに反応を抑制するための反応禁止剤の投入装置や，圧力上昇に追随して働く安全弁，流体の緊急しゃ断弁の設置が必要である。

こうした操作を手動で行うことは，極めて困難であり危険を伴うので，装置内の危険な状態を感知したら警報を発するとともに，作業者はすみやかに安全な場所に避難できるような設備，処置も必要である。

(ウ)　用役（ユーティリティ）の停止（停電など）

用役（ユーティリティ）の中でも最も影響が大きく，事故につながる可能性の大きいのは電気系統の故障，特に停電である。停電により他の用役も同時に停止してしまうので，計装制御系の機能停止，冷却水の停止による異常反応などによる特定化学物質の大量漏えいにつながる可能性が大きい。

このために対策としては，

①　プラントの緊急停止に備えて，バルブなどは常に安全サイドに確実に作動する機能を有する等フェールセーフに設計しておく。

②　最低限の非常電源として，次の設備を確保しておき，自動的に切り替わるようにしておく。

a　ディーゼル発電機などの非常用電力供給設備

b　計器，コンピュータなどのための蓄電池設備

c　緊急操作や階段などの危険場所での蓄電池付照明設備

③　原材料の送給をしゃ断し，また製品等を放出するための装置等緊急しゃ断装置の設置およびこれらのための予備動力源の確保

イ　職場の緊急措置訓練

プラントの事故，災害には必ずそれを示唆する何らかの前兆が発生するはずであり，その兆候を見逃さずに事前に適切な処置をすることが何よりも大切である。

そのためには上述したようなさまざまな異常を想定して，また過去の事例や他社の同種プラントの災害事例等を参考にして，取るべき措置の手順を定めておかなければならない（必要に応じて手順書の掲示）。

異常に遭遇した場合，すばやく的確な判断を下すには普段から具体的なケースについて全員参加の形で模擬訓練をしておくことが必要である。

また，異常が火災，ガス漏えいなどの事故につながる場合には，職場内の消火組織による被害の極小化に努めるとともに，必ず工場の自衛消防隊や自治体にも連絡して応援を求めることが必要であり，緊急連絡先の整備と通報連絡訓練を定期的に実施しておくことも大切である。

3－6　緊急時の措置

特定化学物質を製造，取り扱う作業場では，思わぬ原因等から作業者が化学物質

に相当量ばく露し，急性の障害を起こす可能性がある。被害を最小限にするためには，現場での応急処置が重要となる。このため，現場の関係者は万が一このような事象が発生した場合，どうすればよいかを知っておく必要がある。

(1)　ばく露された特定化学物質の排除，避難

作業者が相当量の化学物質のばく露により被災した場合，化学物質固有の毒性とばく露量の関係により，被災した作業者自身で処置対応できるものから，救助を必要とするものまで障害の程度は大きく異なる。また，皮膚や眼に接触した場合，吸入した場合，飲み込んでしまった場合など，被災した経路により処置の内容も異なる。このことから応急処置は，接触した場合は洗い流すなど，飲み込んだ場合は吐き出すなど化学物質を排除する処置であり，吸入した場合は新鮮な空気を吸うため，現場から避難することにある。

さらに，被災した作業者を救助しなければならない場合は，二次災害の発生に十分配慮し，酸素濃度や有害物質濃度の確認，給気式呼吸用保護具等を使用して複数で救助活動を行う。さらに化学物質によっては，爆発・火災の可能性を踏まえ，着火源の有無等を確認した上で救助活動を行う必要がある。

(2)　救急蘇生法

職域において作業者等が被災した場合，私たちが行う救急蘇生法は，一次救命処置と簡単なファーストエイドに大別される（図3－11）。

心停止，もしくはこれに近い状態になった傷病者を復帰させる方法を一次救命処置という。一次救命処置には胸骨圧迫等による心肺蘇生とAEDを用いた電気

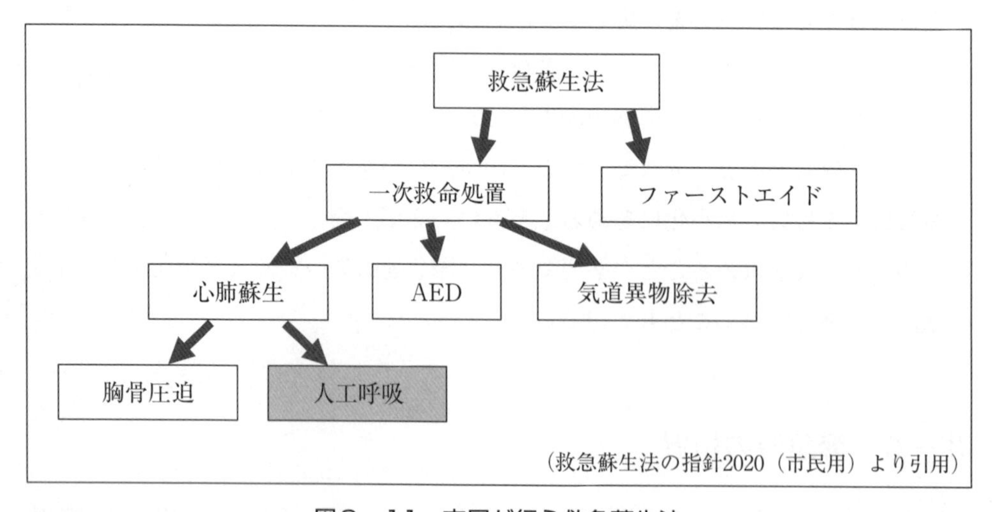

図3－11　市民が行う救急蘇生法

ショックに加え，異物で窒息をきたした傷病者への気道異物除去が含まれる。

一方，一次救命処置以外の急な病気やけがをした者を助けるために行う最初の行動をファーストエイドという。熱中症への対応や圧迫止血などもファーストエイドに含まれ，苦痛を和らげ，それ以上の悪化を防ぐことが期待できる。

救急蘇生法でまず必要なことは，被災者の状態を把握することである。一般的処置としてまず，被災者を清浄な場所へ移動し，衣服を緩め，横向きに寝かせ，できるだけ気道を確保した状態にして毛布などで体温を保持する。着衣が有害化学物質で汚染されていれば，直ちにはぎ取る。反応，呼吸，気道異物，出血等の状態を確認した上で119番通報することになる。

ア　一次救命処置

呼吸停止またはそれに近い状態（正常な普段どおりの呼吸をしていない）の場合には，すみやかに一次救命処置を実施する必要がある（図3－12）。

救急蘇生法について，新型コロナウイルス感染症等のが流行している状況において一次救命処置を実施するにあたっては，①すべての心停止傷病者に感染の疑いのあるものとして対応する。②成人の心停止については，人工呼吸を行わずに胸骨圧迫とAEDによる電気ショックを実施すること，を基本的考え方とする。

一次救命処置の具体的手法等に関しては，『特定化学物質・四アルキル鉛等作業主任者テキスト』に記載されているので参照されたい。

また，管理・監督する立場の者は，「救急蘇生法の指針2020（市民用）」などを活用し救急蘇生法に関する知識の習得，地域や事業所等で開催する救急救命訓練に参加するなどして，万が一の際に対応できるようにしておくことが望ましい。

さらに，119通報した場合に，SDSを救急救命士にすぐに渡せることができれば，SDSに沿った応急処置が可能であり，処置に対して適切な医療機関への対応もできることから，誰もがすぐに取り出せるよう備え付けておくことも重要である。

イ　ファーストエイド

(ア)　ショック

顔面蒼白で，手足は冷たく，意識がぼんやりしていれば，ショック状態である。出血などの明らかな原因がある場合にはその処置が必要である。脳内血流量を維持することが一般的なショック対策であり，下肢を挙上する体勢に寝かせ，毛布などで体温を維持する。

(イ)　皮膚に触れた場合

着衣に化学物質が付着していれば脱がせ，皮膚の化学物質を布などで拭き

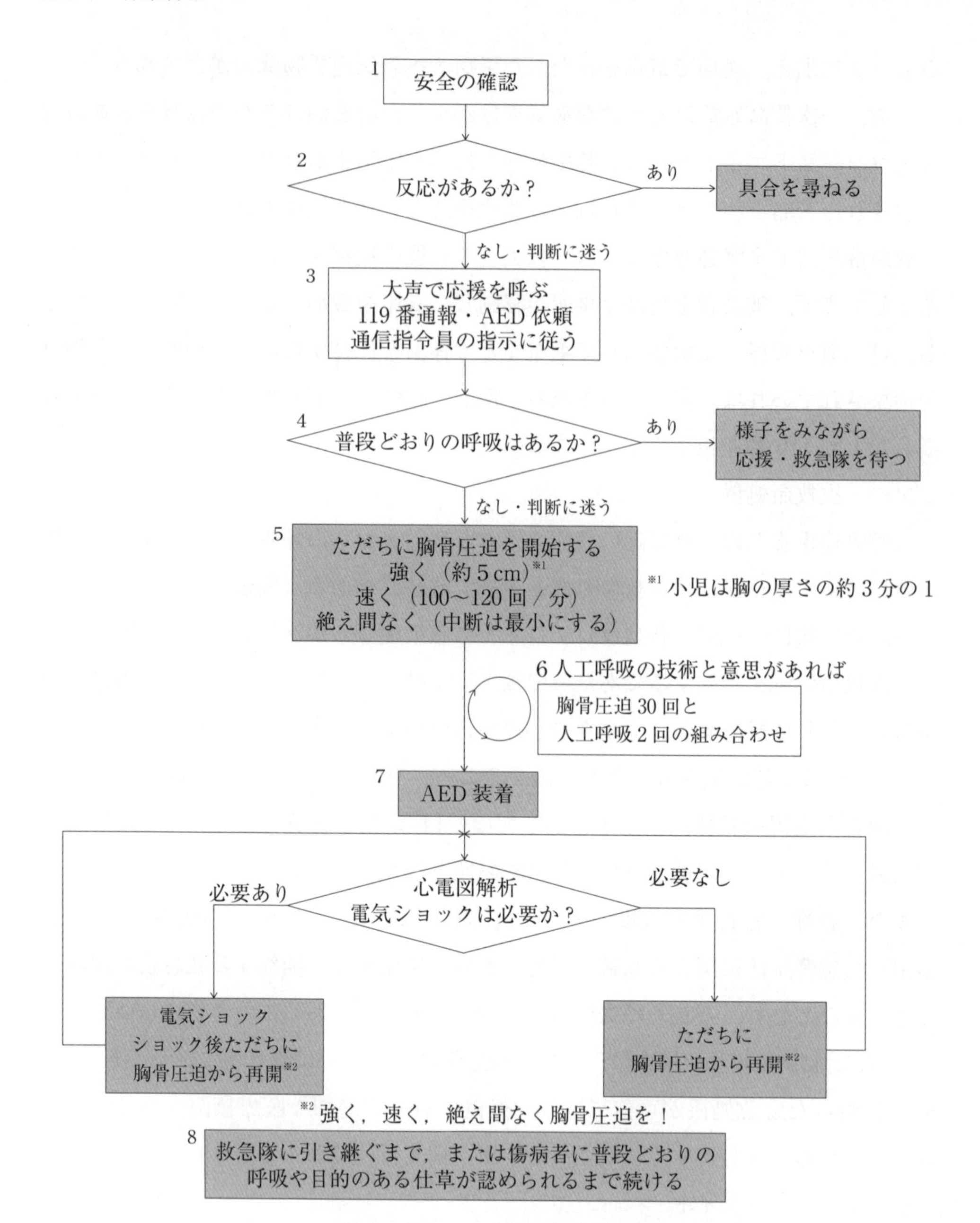

図３−12　一次救命処置の流れ

（出典：一般社団法人日本蘇生協議会監修「JRC 蘇生ガイドライン 2020」医学書院　2021 年一部改変）

取り，大量の水道水で洗い流す。水と発熱反応を起こす物質の場合でも，すみやかに拭き取り，大量の水で洗い流す。中和による除去は，応急処置としては考慮に値しない。

(ウ)　眼に入った場合

一刻も早く水道水で洗眼する。洗眼の際は眼瞼を良く開き，すみずみまで水が行き渡るようにし，可能な限り長時間（15分以上）洗眼する。コンタクトレンズは，固着していなければ外す。なお，化学物質を扱う作業では，コンタクトレンズを使用しないことが好ましい。

(エ)　吸入した場合

安静を保つ。吐き気，嘔吐がある場合には，頭を横向きにして，吐物を嚥下させないようにする。

(オ)　飲み込んだ場合

化学物質の性質等により対処が異なるため注意を要する。除去のため，吐かせてもよい化学物質で，意識があれば喉の奥を刺激して吐かせる。吐いたものが気管に入らないように注意する。意識がないときやけいれんを起こしているときは吐かせてはならない。

また，吐かせてはならない場合もある。たとえば，酸・アルカリ等の腐食性化学物質では，誤飲時に，喉や食道に「やけど」を起こしており，吐かせると再度「やけど」を受け，症状が悪化することが考えられる。石油類等の吸引性呼吸器有害性物質では，吐かせると気管に入りやすく，化学性肺炎を起こす可能性があり，水等を飲ませると嘔吐を誘発する可能性があるため，何も飲ませず，吐かせないことが肝要となる。

危険有害な化学物質が取り扱われている作業場の近くには，洗眼装置を設置する。

これらは，SDSの「4．応急処置」に上記の皮膚に触れた場合等を含め，その対処が記載されているので，現場を管理する作業主任者の立場からも自身らが取り扱う化学物質の応急処置について確認しておく必要がある。

㈮ 応急処置後

上記㈠～㈬のいずれの場合でも，生命に関わる遅発性障害が発生する可能性があるので，医療機関で専門的な観察・治療を受ける。被災者および労働衛生管理責任者は，SDS等の診断・治療に役立つ資料を医療機関に持参し，医師にばく露物質およびばく露状況，応急処置時の被災者の状況などを詳細に報告する。

㈯ 応急処置に必要な装置の設置と表示

全身シャワー設備，洗眼設備，毛布，担架，救急セット（アンビューバッグ・包帯，薬品等）を適切な密度で配置し，その所在場所を遠方からでも，また夜間でも視認できるように明示し，定期的に設備の作動チェック，消耗品の交換補充を行う。

第４章

健　康　管　理

本章のねらい
特定化学物質の有害性と健康診断および，結果の活用についておさらいします。

4－1　特定化学物質による健康障害の症状

(1)　特定化学物質の有害性

特定化学物質にはさまざまな物質があり，その物性，体内への取り込まれ方，生体内での動態，生体影響もさまざまである。

一般に，高濃度短時間のばく露では急性影響が，一定濃度以上を中・長期的にばく露することでがんや肝障害，皮膚障害など取り扱う特定化学物質固有の重篤な健康影響が出現する。

特定化学物質の慢性影響において多くの場合，一定濃度以上のばく露があった場合，特定化学物質健康診断項目に記載されている自覚症状，他覚所見に見られる症状が見られる。一般的な症状と区別しがたい所見もあるが，作業主任者の立場から，作業者からの訴え，朝礼等による作業者の観察により，他覚所見を疑うような状態となっていないか，十分に配慮する必要がある。このことから，作業主任者は，自身らが取り扱う特定化学物質について，相応のばく露があった場合にどのような自覚症状等が表出するのかを知っておく必要がある。

(2)　個々の物質による健康障害

特定化学物質などによる主な症状または障害の内容を図４－１に示す。

また，特定化学物質個々の有害性（健康障害）については，『特定化学物質・四アルキル鉛等作業主任者テキスト』（第２章　各論）に記載されているので参照されたい。

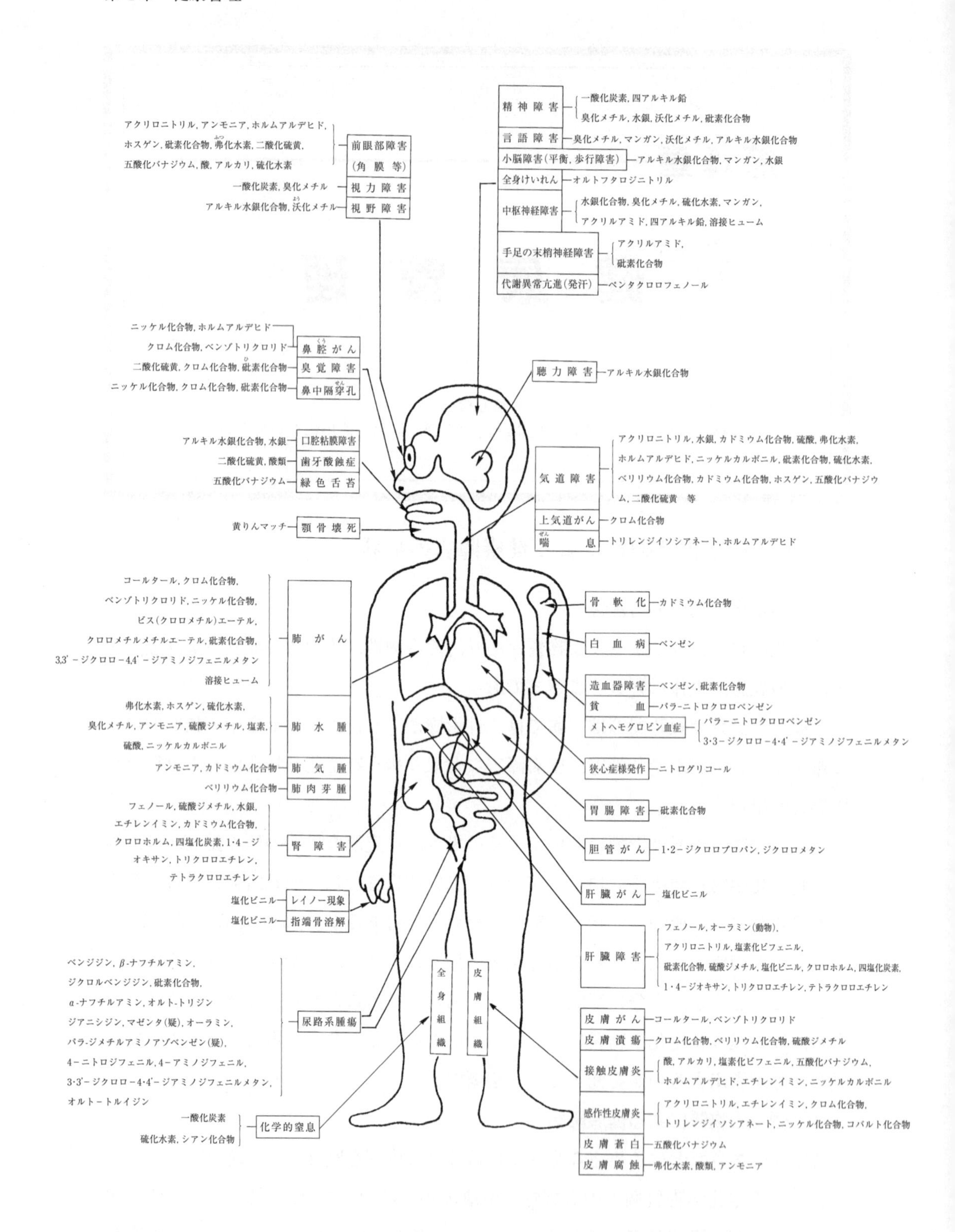

図4－1　特定化学物質などによる諸症状または障害

⑶　特定有害性

化学物質の慢性的な有害性の中で，最近特に注目されているものに，発がん性，感作性，生殖毒性がある。

ア　発がん性

生体にがんを引き起こす可能性のある化学物質を，発がん性物質という。一般に発がんの発症に至るまでには長い期間を要する。

日本産業衛生学会では，国際がん研究機関（IARC）による発がん分類を基準とし，職業性発がん物質について，発がん性分類を行っている。（**資料 - 表１参照**）発がん性分類は，ヒトに対して発がん性があると判断できる証拠が十分あるものを「第１群」，ヒトに対しておそらく発がん性があると判断できるもので，疫学研究からの証拠が限定的であるが，動物実験からの証拠が十分であるものを「第２群Ａ」，ヒトに対しておそらく発がん性があると判断できるもので，疫学研究からの証拠が限定的であり，動物実験からの証拠が十分でない，または疫学研究からの証拠はないが，動物実験からの証拠が十分な場合のものを「第２群Ｂ」としている。

厚生労働省では，がんを起こすおそれのある化学物質について，「労働安全衛生法第 28 条第３項の規定に基づき厚生労働大臣が定める化学物質による健康障害を防止するための指針」（以下「がん原性指針」という。）を公表しており，対象とする化学物質の製造，取扱い作業による労働者の健康障害防止のため事業者が講ずべき措置を示している。直近のがん原性指針の改正により示された化学物質は 40 物質となり，その化学物質の中に多くの特定化学物質が含まれている（**資料－表１参照**）。

イ　変異原性

個体のさまざまな性質を決定するプログラム（形質発現プログラム）を保存している遺伝子に作用し，その形質発現を変化させる物質を変異原化学物質という。

厚生労働省では，微生物を用いる変異原性試験，哺乳類培養細胞を用いる染色体異常試験等の結果から強い変異原性が認められた変異原化学物質について労働者の健康障害を未然に防止するため，「変異原性が認められた化学物質による健康障害を防止するための指針」（以下「変異原性指針」という。）を公表し，その製造または取扱いに関する留意事項について定めている（**資料－表１参照**）。事業者は，変異原性指針に定める措置を講ずるほか，労働者の健康障害を防止するための適切な措置を講ずるよう努める必要がある。前述の発がん性と同様に特定化学物質の中には変異原性化学物質が含まれている。

ウ　感作性（アレルギー）

外的異物に対する生体の防御機能としての免疫反応のうち，健康に不利な免疫反応を「感作」といい，感作を引き起こす物質を「感作性物質」という。

日本産業衛生学会では，感作性物質を「気道感作性物質」と「皮膚感作性物質」に区分している。（**資料－表１参照**）

気道感作性物質は，「その物質によりアレルギー性呼吸器疾患（鼻炎，喘息，過敏性肺臓炎，好酸球性肺炎等アレルギーの関与が考えられる疾患）を誘発する物質」，皮膚感作性物質は，「その物質によりアレルギー性皮膚反応を誘発する物質」と定義している。

また，感作性物質を以下のとおり分類している。

第１群：人間に対して明らかに感作性がある物質

第２群：人間に対しておそらく感作性があると考えられる物質

第３群：動物試験などにより人間に対して感作性が懸念される物質

感作反応には，①感作されるか否かについて個体差が大きい。②感作された場合，低濃度のばく露で発症する。という特徴がある。また，感作性物質は同時に刺激性を有する場合が多く，感作性皮膚炎に一次性刺激皮膚炎が混在したり，喘息の刺激による気道反応が混在する。職場以外でのばく露による感作や他の疾病による症状発現もあることから，取り扱っている物質の感作性および作業者のアレルギーに係る既往歴等について把握しておく必要がある。

エ　生殖毒性

日本産業衛生学会では生殖毒性を，「男女両性の生殖機能に対して有害な影響を及ぼす作用または次世代児に対して有害な影響を及ぼす作用とする。女性では妊孕（よう）性，妊娠，出産，授乳への影響等，男性では受精能への影響等とする。」と定義している。

また，生殖毒性物質を以下のとおり分類している。（**資料－表１参照**）

第１群：ヒトに対して生殖毒性を示すことが知られている物質

第２群：ヒトに対しておそらく生殖毒性を示すと判断される物質

第３群：ヒトに対する生殖毒性の疑いがある物質

※生殖毒性物質を各群に分類されると判定したものを表に示したが，表に記載されていない物質が生殖毒性物質に該当しないことを示すものではないことに留意する必要がある。

表4－1　女性労働者の就業禁止の対象となり得る特定化学物質

項番	物質名	項番	物質名
1	塩素化ビフェニル	10	塩化ニッケル（Ⅱ）（粉状のものに限る）
2	アクリルアミド	11	スチレン
3	エチルベンゼン	12	テトラクロロエチレン
4	エチレンイミン	13	トリクロロエチレン
5	エチレンオキシド	14	砒素化合物 （アルシンと砒化ガリウムを除く）
6	カドミウム化合物	15	ベータープロピオラクトン
7	クロム酸塩	16	ペンタクロルフェノール（PCP） 及びそのナトリウム塩
8	五酸化バナジウム	17	マンガン （注）マンガン化合物は対象外
9	水銀およびその無機化合物 （硫化水銀を除く）		

※カドミウム，クロム，バナジウム，ニッケル，砒素の金属単体は対象とならない。

※エチルベンゼン，スチレン，テトラクロロエチレン，トリクロロエチレン及び有機溶剤中毒予防規則に適用されているエチレングルコールモノエチルエーテル，エチレングルコールモノエチルエーテルアセテート，エチレングリコールモノメチルエーテル，キシレン，N,N-ジメチルホルムアミド，トルエン，二硫化炭素，メタノールを含む有機溶剤の混合物について，作業環境測定の評価で第3管理区分に区分された業務については，それぞれの物質の測定値が当該物質の管理濃度以下であっても，女性労働者を就業させることはできない。

厚生労働省では，母性保護の観点から，妊娠や出産・授乳機能に影響のある26の化学物質（特定化学物質は17物質，**表4－1**）に対し，女性労働基準規則により，女性労働者の就業を禁止する業務を定めている。

（女性労働者の就業を禁止する業務）

① タンク，船倉内などで規制対象の化学物質を取り扱う業務で，呼吸用保護具の使用が義務付けられているもの

② 安衛法に基づく作業環境測定を行い，第3管理区分となった屋内作業場でのすべての業務

4－2　健康診断および事後措置

(1) 特定化学物質健康診断の実施

特定化学物質取扱い作業者の健康障害防止のために，特化則第39条に定期の健康診断の実施が義務付けられている（以下「特化物健診」という。）。特化物健診の

目的は，健康診断の対象となる特定化学物質による異常の早期発見と健康診断結果に基づく事後措置および適正配置にある。「事後措置と適正配置」については後述するが，特化物健診は対象物質に共通した特異的症状はなく，現れる症状も異なるので，健康診断項目は取扱い物質によって異なっている。

なお，特化物健診の実施について，以下の①から③までの要件のいずれも満たす場合には，当該特殊健康診断の対象業務に従事する労働者に対する特殊健康診断の実施頻度を6月以内ごとに1回から，1年以内ごとに1回に緩和することができる。ただし，危険有害性が特に高い製造禁止物質及び特別管理物質に係る特殊健康診断の実施については，特化則第39条第4項に規定される実施頻度の緩和の対象とはならないことに注意する。

① 当該労働者が業務を行う場所における直近3回の作業環境測定の評価結果が第1管理区分に区分されたこと。

② 直近3回の健康診断の結果，当該労働者に新たな異常初見がないこと。

③ 直近の健康診断実施後に，軽微なものを除き作業方法の変更がないこと。

また，令和2年に化学物質取扱い業務(注)従事者に係る特殊健康診断の項目の見直しが行われたことを認識しておく必要がある。これは，特化則，有機則等が制定されてから40年以上が経過し，その間医学的知見の進展，化学物質の使用状況の変化，労働災害の発生状況など，化学物質による健康障害に関する事情が変化していることが背景となっている。

化学物質取扱い業務従事者に係る特殊健康診断の見直しのポイントとしてほか，多くの特定化学物質について以下のような健康診断の項目の見直しがなされた。作業主任者として一通り確認しておく必要がある。

① 「作業条件の簡易な調査」が必須項目となった。

② ベンジジン等の尿路系に腫瘍のできる特定化学物質（11物質）について，同様の障害を引き起こすとされ，最新の医学的知見を踏まえて設定されたオルト－トルイジンの項目と整合させた。

③ トリクロロエチレン等の特別有機溶剤（9物質）について，発がんリスクや物質の特性に応じた項目に見直された。

④ カドミウム及びその塩について，新たに得られた知見の対応，腎機能障害の早期発見のため，項目が見直された。

(注) ここでいう「化学物質取扱い業務」は，特化則，有機則，鉛中毒予防規則，四アルキル鉛中毒予防規則に規定された業務をいう。

⑤　オーラミン等の11物質について，職業ばく露による肝機能障害リスクの報告がないことから，「尿中ウロビリノーゲン検査」等の肝機能検査を必須項目から外した。

⑥　ニトログリコール等の6物質について，近年，臨床の現場であまり使われていない全血比重検査を赤血球系の血液検査の例示から削除した。

さらに，「溶接ヒューム」が特定化学物質（管理第二類物質）となり，令和3年4月から特化則による健康障害防止措置がなされることになった。健康管理では，屋内，屋外を問わず，金属アーク溶接等作業に常時従事する労働者に対し，特化物健診の実施が義務付けられる。なお，じん肺法施行規則の粉じん作業に該当するアーク溶接等作業に従事している労働者は，じん肺法に基づくじん肺健康診断が義務付けられているため，両方の健康診断を実施することに留意する必要がある(注)。

あわせて，塩基性酸化マンガン（金属アーク溶接等作業以外の作業）について健康障害防止措置が義務付けられたことから，塩基性酸化マンガン（マンガン及びその化合物として）の製造，取扱い業務に常時従事する者について特化物健診を実施する必要がある。なお，塩基性酸化マンガンに係る健康診断は，「マンガン化合物(塩基性酸化マンガンに限る)」として「指導勧奨による特殊健康診断」の中で行われてきたものである。

特化物健診は業務の遂行に絡んで実施されなければならないものである。受診に要する時間は労働時間であることから，作業の合間に健康診断を受診することが想定される。作業主任者は作業の進捗を考慮し，作業者全員が積極的に健康診断を受診できるよう配慮すべきである。

⑵　特化物健診結果に基づく事後措置

健康診断は健康診断を実施することが目的ではなく，健康診断の結果に基づきどのような措置をしていくかが重要となる。

特化物健診の結果の活用として，対象作業者全員が対象とする特化物による健康影響が認められないという結果となった場合，現状の作業環境管理，作業管理を早急に見直ししなければならない事象はなかったと判断し，これまでの継続した作業

(注)　溶接ヒュームに係る特化物健診は，雇入れまたは配置替えの際およびその後6カ月以内ごと定期に，規定の事項について健康診断を実施しなければならない。一方じん肺健康診断は，じん肺管理区分により実施頻度が異なる。たとえば，「管理区分1」の作業者は3年に1回，規定の項目の健康診断を実施することになる。

これにより両方の健康診断が重複した時期は，それぞれの規定に基づいた健康診断を実施することになる。

環境管理，作業管理を推進していくことを確認する機会でもあると考える。

特化物健診結果は作業者自身が対象とする特化物による健康影響の有無を作業者自らが認識するため，また自主的な健康管理に取り組めるよう，作業者に健康診断結果が通知される（特化則第40条の3）。特化物健診は一次健康診断と二次健康診断で構成されているので，一次健康診断結果で医師等が「二次健康診断の実施を要する」と判断した場合，二次健康診断を実施し，その結果は作業者にも通知される。

特化物健診の結果，所見があると診断された作業者について，医師等（産業医等）から就業上の措置（例：通常勤務，就業制限，要休業）について意見記入が行われる（特化則第40条の2）。意見の記入は当該労働者の実情を考慮して，就業場所の変更，作業の転換，労働時間の短縮などの措置を講じられる場合がある（安衛法第66条の5）。また，作業環境測定の実施，施設または設備の設置または改善などの指示があった場合，適切な措置を講じるよう医師等の意見を尊重しなければならない（安衛則第14条の4第1項，第2項）。

作業主任者は作業を直接指導する現場での管理，監督する立場であることから，健康管理を担当する部門等から産業医の意見に基づく該当作業者の就業上の措置に係る対応を求められる場合があると考えられる。このような場合，該当作業者のプライバシーに配慮した対応が求められる。就業上の措置の実施にあたっては，あらかじめ就業上の措置の目的，内容等について必要な説明を受け理解しておくことが必要不可欠となる。

⑶　健康管理手帳制度

がんその他の重度の健康障害を生ずるおそれのある業務に従事していた労働者に対し，離職の際または離職の後に健康管理手帳を交付，健康管理手帳を所持している者に対し，離職後の健康診断について国が必要な措置をとる制度である。

この制度が設けられているのは，一般にがんなどの発現には長期間を要し，また過去における発がん物質へのばく露がその一因となることがあるため，離職後も含め長期にわたって健康管理を行うことが必要なため定められたものである。

第５章

今後における化学物質対策と作業主任者の役割

本章のねらい

化学物質の自立的な管理について学ぶとともに，特定化学物質作業主任者として，果たすべき役割を改めて認識する。

5－1　化学物質の自律的な管理

令和４年２月24日，令和４年５月31日の安全衛生法政省令の改正により，リスクアセスメントの結果に基づいた，リスク低減対策を主体とした自律的な管理が導入された。これまで，化学物質の管理については，国は労働災害を起こした化学物質や，労働者に危険有害性を及ぼすおそれのある特定の化学物質を個別に法令で規制し，事業者は法令を遵守することで，労働災害の防止に努めてきた。省令の改正により，危険有害性が確認された化学物質については，リスクアセスメントを実施し，厚生労働大臣が定めるばく露濃度の基準のある物質については，労働者のばく露濃度を基準値以下にする，基準値がない物質については，ばく露を最低限にすることが義務付けられた。また，労働者のばく露防止を主体とするリスク低減措置については，法令で定める一律のばく露防止措置ではなく，事業主がその手段を自律的に選択できるようになった。

特定化学物質等の管理については，特定化学物質障害予防規則他で詳細に規定されていることから，作業環境測定が義務付けられ，管理濃度の設定されている物質については，厚生労働大臣が定めるばく露濃度の基準は定められなかった。今回の省令改正によって，「専属の化学物質管理専門家」の配置，過去３年間に労働災害，作業環境測定の結果，健康診断の結果など，特定化学物質等の管理の水準が一定以上であると所轄都道府県労働局長が認めた当該作業等について，健康診断および呼吸用保護具に係る規定などの一部を除いて，リスクアセスメントに基づく自律的な管理に委ねるものとしている。

一方，作業環境測定結果の評価の結果，第３管理区分に区分された場所において，「外部の作業環境管理専門家」の意見聴取により，第１または第２管理区分とすることが可能と判断した場合は，ただちに改善のために必要な措置の実施が求められ，改善措置によっても改善が困難と判断された場合は「保護具着用管理責任者」を選任して，有効な保護具の選択，作業者の適正な使用の措置，保護具の維持管理を行わせることにより，労働者のばく露防止措置を実施することが義務付けられた。

５－２　特定化学物質作業主任者の役割

国は，上述した特定化学物質等に係る規制の緩和や強化によりもたらされる，化学物質の管理状況や労働災害の発生状況を勘案して，特化則の必要となる規制を残して廃止し，当該規則を遵守する化学物質管理からリスクアセスメントを主体とする自律的な化学物質管理に移行することを想定している。自律的な管理に移行するにあたって，特定化学物質のみならず特定化学物質に付随して使用される化学物質のばく露による作業者の健康障害防止における作業主任者の実務的な役割は，より重要とされる。作業主任者としての職務を遂行するには，

①　作業環境管理についての情報

②　作業管理についての情報

③　健康管理についての情報

を積極的に入手し，職場の実態や問題点を把握，是正することがより求められることになる。このために，産業医，衛生管理者，職場の管理監督者と有機的な連帯を保つだけでなく，化学物質管理者，保護具着用管理責任者，作業環境管理の専門家，化学物質管理専門家と協調してリスクアセスメントを主体とする化学物質管理を進めることが重要である。

第６章

災害事例および関係法令

本章のねらい
災害事例を通して，労働災害を防止するために必要な措置を学ぶとともに，最新の法令を確認します。

6－1　災害事例

事例１　アンモニア水タンクの弁の閉止作業中、ボールバルブが破断、脱落し、アンモニアを全身にばく露したことによる中毒

⑴　災害の概要

①　業　　種　パルプ・紙製造業

②　被害状況　死亡1名　不休2名

③　発生状況

アンモニア水タンクの液面計管台付き弁の閉止作業をするにあたり，ボールバルブが固着していたため，潤滑油をステム（弁棒）に馴染ませた。しばらくたった後，１名が液面計本体を手で支え，１名がモンキーレンチをパイプに差し込んだもの（約89cm）でステムを回した直後，ボールバルブのふた部分が破断，脱落し，アンモニア水（濃度約25%）が噴き出し，２名に被液，１名は防液堤内で意識を失い倒れ，５日後に死亡した。また，同じ作業を行っていた１名は防液堤外に脱出し軽傷，救助にあたった１名も軽傷を負った。ボールバルブの点検はこれまで外観の

目視によるもののみであったが，調査の結果，内部が腐食していたことが判明した。

⑵　原　　因

①　適切な保護衣未着用

②　適切な呼吸用保護具未着用

③　作業標準書・マニュアルの不備

④　装置・設備の管理不足・点検不備

⑤　装置・設備の点検・管理体制不備

⑥　作業員への指示不備

⑦　作業主任者・管理責任者等の指示内容の検討不足

⑧　機器・設備の破損

⑨　応力腐食割れ

⑶　対　　策

①　ボールバルブのステムの動きが悪いときは無理に開けず，必要な災害防止対策を講じた上で作業を行うこと。

②　ボールバルブの操作をするときは，目視，過去の点検結果および使用年数等により，ボールバルブの状態を確認し，作業方法を決めた上で作業を行うこと。

③　アンモニア水が飛散するおそれのある作業を行う際は，不浸透製の保護衣および呼吸用保護具等を着用すること。

④　作業前に作業方法および使用する化学物質から想定されるリスクの検討を行い，必要に応じ作業方法の変更および保護具の着用等の適切なリスク低減対策を講じること。また，検討を行った結果については，作業者に周知徹底を図ること。

⑤　製造者および過去の使用状況からボールバルブの交換基準を定め，強度が低下する前に交換を行える仕組みを構築すること。

⑥　ボールバルブの点検方法について，外観の目視による点検に加え，長期に使用しているものは必要に応じて内部の目視，厚み測定，非破壊検査等により点検を行うこと。

⑷　災害の特徴

アンモニアを全身にばく露して死亡した事例。残念ながら，化学物質の漏えいによる災害は少なくない。ボールバルブのステムが動かない場合も想定して，災害防止対策を講じておきたい。

事例2　小学校で看板の文字消し作業中，ジクロロメタン中毒

(1)　災害の概要

①　業　　種　教育・研究業

②　被害状況　休業1名　不休1名

③　発生状況

本災害は，小学校の屋外で，剥離剤を使用した看板の文字消し作業中に発生した。

小学校において被災者2名が草刈りを終え，屋外で剥離剤（ジクロロメタン）を使用して刷毛を使って標語が表示されていた看板の文字消しを開始した。剥離剤を使用する際に呼吸用保護具は着用していなかった。昼食のために作業を中断し教室に戻ると，被災者Aが目まいなど体調不良を訴え昼食後に嘔吐，下痢を伴いさらに体調が悪化した。被災者Bも同様に症状が悪化したため，両名とも病院を受診したところジクロロメタン中毒と診断された

(2)　原　　因

①　ジクロロメタンが85%，メタノールが1～10%含まれていた溶剤を使用し，当該蒸気を吸引したこと。

②　有効な保護具を着用しないまま，刷毛で塗布する作業を行ったこと。

③　有機溶剤の有害性に関する知識が，作業者に欠如していたこと。

④　労働者に対し，有機溶剤に関する安全衛生教育を行っていないこと。

(3)　対　　策

①　危険有害性のある化学物質を取り扱う際には，リスクアセスメントを実施すること。

②　上記リスクアセスメントの結果に応じたリスクの低減措置を図ること。

③　屋外であっても使用する有機溶剤の量によっては，適切な保護具を着用させること。

④　リスクアセスメントの結果を含め，労働者に安全衛生教育を実施すること。

⑷ 災害の特徴

有機溶剤の量によっては，屋外においても中毒になるという事例。危険有害性のある化学物質のリスクアセスメントと労働者への安全衛生教育は，おざなりにしてはならない。

事例3　ジアニシジン製造作業における膀胱腫瘍

⑴ 災害の概要

① 業　　種　化学工業

② 被害状況　死亡1名

③ 発生状況

被災者は，ジアニシジン等の化学製品を製造する事業場に入社した後，3年3カ月間ジアニシジン製造部門に所属し，ジアニシジン製造作業に従事した。この際の作業は，原料の仕込みから製品の取り出しまでの全般にわたっていたが，特に，ウェットケーキ状のジアニシジンを紙袋へスコップで入れる作業（1日1時間）ではかなりの粉じんが発生していた。しかし，被災者は防じんマスクではなく，ガーゼマスクを着用していたのみであった。

その後，別の物質の製造に15年間従事した後，定年退職した。定年退職直前に血尿および排尿痛を感じ受診したところ，膀胱腫瘍と診断され，手術を受けたものの，定年退職した年に膀胱がんにより死亡した。

⑵ 災害の原因

ジアニシジン粉じんを吸入したこと。

⑶ 対　　策

① ジアニシジンの製造設備は密閉式または囲い式の構造のものとすること。

② ジアニシジンの製造に従事する者には，不浸透性の保護手袋など必要な保護具を着用させること。

③ 作業に従事している期間のみではなく，配置転換後も引き続き特殊健康診断を実施し，その事後措置を徹底すること。

④ ジアニシジンによる健康障害の予防について，作業者に対して必要な教育を実施すること。

⑤ 特定化学物質作業主任者を選任し，この者に，作業を直接指揮させること。

⑷　災害の特徴

ジアニシジンは動物において発がん性が示されており，しかもジアニシジンにばく露した労働者に尿路系腫瘍症例が見られることから，現在は安衛法において製造の許可を受けるべき物質として指定されている。このように発がん性を有する物質にばく露した場合には，一定の潜伏期間を経て腫瘍が発生する。

事例４　病院内でエチレンオキシドガス滅菌器での滅菌作業中にエチレンオキシドガス中毒

⑴　災害の概要

①　業　　種　医療保健業

②　被害状況　急性中毒：休業１名

③　発生状況

本災害は，エチレンオキシドガス滅菌器で滅菌作業中に発生した。

病院内２階の中央材料室で，作業者（看護師）１名がエチレンオキシドガス滅菌器で滅菌作業を行うため，滅菌器にエチレンオキシドガスが充塡されたカートリッジを装塡する作業中，カートリッジを落とした。カートリッジ装塡後，ガス漏れが発生したような音を聞いたため，確認のためカートリッジの装塡部位に顔を近づけた。作業者はガスの拡散防止処理を行ったが，処理後，口元のしびれ，喉頭痛など中毒症状が現れ，病院を受診しエチレンオキシドガス中毒と診断された。

⑵　原　　因

①　カートリッジを落下させたため，カートリッジが破損してエチレンオキシドが漏れたこと。

②　事業場内でガスカートリッジの強度やエチレンオキシドの有害性について知識は持っていたが，その程度を安易に考えていたこと。

③　本物質やガスカートリッジの取扱いについて，看護部が作業マニュアルの作成から周知，教育を行っていたが，労働者に対する労働災害防止対策を専門に取り扱う部署がなく，労働災害を防止する安全衛生管理体制が構築されていな

かったこと。

④　カートリッジが破損しやすい構造のものであること。

⑶　**対　　策**

①　作業マニュアルの作成については，あらかじめリスクアセスメントを行うなどさまざまな危険性について検討すること。

②　化学物質の表示については，文字だけでなくアイコンを使用するなどその危険性を労働者にわかりやすく伝達するようにすること。

③　労働者の労働災害防止対策を専門に取り扱う部署を設置し，看護師への負担を軽減しつつ，労働災害を防止する安全衛生管理体制を構築すること。

④　ヒューマンエラーに対応可能な丈夫な製品を調達すること。

⑷　**災害の特徴**

エチレンオキシドガスの有害性の程度を軽んじていたことによる中毒事例。リスクアセスメントを実施し，労働者にも，物質の危険有害性を伝達しておかねばならない。

事例５　化学プラントの配管内部の洗浄作業中にアクリロニトリル中毒

⑴　**災害の概要**

①　業　　種　その他の建設業

②　被害状況　休業１名

③　発生状況

この災害は，化学プラントの定期検査時に配管内部の洗浄中に発生したものである。

このプラントは，ブタジエンにアクリロニトリルを重合させて製品を合成する設備で，原料重合→未反応ブタジエン回収→濃縮（水分除去）の工程からなっている。

当日，一次下請から二次下請にプラント内各種配管の内部洗浄作業を行うよう書面で指示があり，作業者３名は現場で作業開始前のKYを実施したのち，各所に分散して配管洗浄作業を行った。

作業は順調に進み，被災者は，指示された３本の配管の洗浄が終了したので，挿入していた高圧洗浄用のホースを配管から引き抜いたところ，異臭とともに内壁付着物が流出し，吐き気を感じるなど気分が悪くなり，病院へ搬送された。

検査入院の結果，薬物中毒と診断されたが，翌日には退院し他の作業者とともに帰宅した。その翌日は会社事務所で勤務したが，翌朝になって再び気分が悪くなり，脱力感，食欲低下，心拍数低下等を感じたので大学病院に入院したところ，アクリロニトリルによる中毒と診断され３日間入院した。

⑵　災害の原因

この災害の原因としては，次のようなことが考えられる。

①　アクリロニトリルの蒸気を吸入したこと

洗浄していた配管の内壁に付着していたものから，アクリロニトリル（特定第二類物質）およびスチレンが検出され，濃度はそれぞれ17%および2.3%であったので，アクリロニトリルの管理濃度2ppm，スチレンの日本産業衛生学会の許容濃度20ppmを上回っていた。特に，アクリロニトリルの濃度が高く，中毒症状の主な原因は配管内部の壁面に付着，滞留していて，洗浄に伴い外気に放出されたアクリロニトリルであると推定される。

②　配管の作業開始前の予洗が不十分であったこと

プラントの所有者は，この洗浄作業を発注する前に配管内を水洗していたが，予洗が十分ではなかったため，配管内にアクリロニトリル等の有害物質が内壁付着物として残留していた。

③　配管の内壁に付着していた有害物質についての認識がなかったこと

職長は，工事日報・安全指示書の中に洗浄を行う配管について，「アクリロニトリル水移送配管」と書かれていたことからアクリロニトリルが通っていた配管との認識はあったが，作業開始前に，発注者が配管に水を流したとの情報を得ていたので，配管内にアクリロニトリルが残留しているとは考えていなかった。そのため，作業開始前のKYでは，化学物質による中毒等の危険有害性の洗い出しができず，対策も講じられなかった。

④　作業服装が不適切であったこと

当日の被災者の作業服装等は，布製の作業着の上に合羽を着用し，顔全体を覆うマスクとゴム手袋を着用していたが，マスクは防毒マスクではなかった。

⑶　対　　策

同種災害の防止のためには，次のような対策の徹底が必要である。

①　配管内に残留する有害物質についての情報を共有すること

関係者は，配管内壁に付着しているおそれのある化学物質による中毒等の防止のために，プラントで取り扱われていた物質について情報を共有する。また，元方事業者は発注者に，一次下請業者は元方事業者に，二次下請事業者は一次下請事業者に対して，それぞれ作業に係る危険有害性の情報の提供を求める。特に，発注者は，通常稼働時に使用されていた物質，内壁などに付着残留する可能性および物質の危険有害性などの情報を元方事業者など関係者に提供する(参考：安衛法第31条の2)。

② 作業開始前に配管内の洗浄を十分に行うこと

配管内に残留する物質を除去するため作業開始前に配管内の洗浄を行う場合は，洗浄効果を考慮し複数回行う等のほか，洗浄後の残留の有無を確認する。

③ 作業指揮者を指名してその指揮の下に作業を行わせること

特定化学物質を製造し，取扱いもしくは貯蔵する設備または特定化学物質を発生させる物を入れたタンク等で，特定化学物質が滞留するおそれのあるものの改造，修理，清掃等については，健康障害予防についての知識を有する者のうちから作業指揮者を選任し，作業の指揮を行わせる（参考：特化則第22条)。

④ 呼吸用保護具の使用等を指示すること

有害物が残留するおそれのある配管内の洗浄を行う場合には，危険有害性の情報に基づき，作業開始前のKY等で有害物質の吸入等による中毒の危険性についても洗い出しを行うとともに，関係者に対して危険有害情報の提供，有害物質の吸入による中毒の防止のため適切な保護具（防毒マスク等）の使用等を指示する（参考：特化則第43条～第45条)。

(4) 災害の特徴

配管内の残留物についての情報提供の重要性がよくわかる事例。入手した危険・有害情報を含め，KYだけでなくリスクアセスメントを行っておきたい。

事例6　次亜塩素酸ナトリウムのタンクに，硫酸アルミニウムを誤注入し，発生した塩素ガスで，塩素ガス中毒

(1)　災害の概要

①　業　　種　し尿処理業

②　被害状況　休業4名

③　発生状況

本災害は，次亜塩素酸ナトリウムのタンクに誤って硫酸アルミニウムを注入し，発生した塩素ガスにばく露して中毒を起こしたものである。

被災現場であるし尿処理施設に，運輸会社のタンクローリーの運転者Aは，汚水の凝集剤として使用する硫酸アルミニウムを配送した。各配管の受け口には，物質名を記載した札が掲げられているが，Aは，物質名を記載した札を確認することなく，次亜塩素酸ナトリウムのタンクに通じる配管の受け口に，運んできた硫酸アルミニウムの注入ホースを誤って接続し，注入を開始した。

硫酸アルミニウムの注入開始後，Aは注入状況の確認のため建屋内に入ったところ，タンク内の次亜塩素酸ナトリウムと注入された硫酸アルミニウムが混ざり合って発生した塩素ガスにより，息ができず，目も開けられない状態であったので，直ちに硫酸アルミニウムの注入を停止した。なお，次亜塩素酸ナトリウムのタンクは，タンク上部のねじ込み式のふたが外れており，ここから塩素ガスが漏出した。

一方，建屋内には3名のし尿処理施設職員が就業しており，各々の作業場所にて，発生した塩素ガスを吸入し，搬送先の病院で塩素ガス中毒と診断された。また，Aも硫酸アルミニウムの注入停止後，建屋内にいた被災者を救出するため建屋内に戻り，その際に吸入した塩素ガスにより，搬送先の病院で塩素ガス中毒と診断された。

(2)　災害の原因

この災害の原因としては，次のようなことが考えられる。

①　硫酸アルミニウムを配送したAが，配管には物質名を記載した札が掲げられているにもかかわらず十分な確認を怠り，誤って硫酸アルミニウムを次亜塩素酸ナトリウムのタンクに通じる配管に接続・注入したことにより塩素ガスが発生したこと。

② し尿処理施設の職員が，配管の接続に立ち会わなかったこと。
③ 救出のためとはいえ，有効な防護具がないにもかかわらず塩素ガスが発生している処理棟内に立ち入り，塩素ガスを吸入してしまったこと。
④ Aと，し尿処理施設の職員に対する作業手順の教育訓練と，化学物質の危険性等に関する教育が不十分であったこと。

⑶ 対　策

同種災害の防止のためには，次のような対策の徹底が必要である。

① 次亜塩素酸ナトリウムまたは硫酸アルミニウムをタンクに注入する際，誤って注入することがないように，接続するフランジの形状を別のものとすること。
② 接続するフランジに納品業者（運送業者）が勝手にホースをつなぐことができないようにふたをした上で施錠し，フランジにホースを接続する際は，納品業者任せにせず，特定化学物質作業主任者その他化学物質による労働災害防止に関する知識を有する職員と複数で確認しながら，接続するフランジの鍵を外して接続すること。
③ 運輸会社の労働者に対し，注入口を目視等により十分確認した上でホースを接続し，注入を開始するように教育を徹底すること。
④ 注入する際は，まず少量を注入し，塩素ガスが発生しないことを確認の上で注入作業を行うこと。
⑤ 誤注入により発生する化学物質の危険性，有害性，および発生時にとるべき対応を記した作業手順書を作成し，SDS等と併せて，改めて教育・活用すること。また，当該文書を配送車に備え付け，誤注入時には，避難を含め，即座に対応することができるよう対策を講じること。

⑷ 災害の特徴

次亜塩素酸塩溶液は消毒や漂白等に，酸性溶液は洗浄や水処理等に用いられることから，両者のタンクを併設している事業場も多く，これらの液体が混触して発生した塩素ガスを作業者や周辺の労働者が吸入する中毒災害は少なからず発生している。近隣住民等を巻き込むおそれもあり，十分な防止対策が求められる。

事例７　硫酸製造工程において配管から噴出した硫酸を浴びて火傷

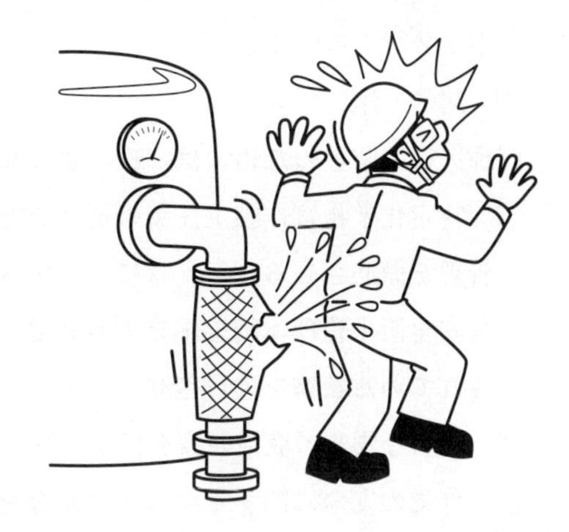

⑴　**災害の概要**

①　業　　種　清掃業

②　被害状況　休業１名

③　発生状況

本災害は，非鉄金属製錬工場において，亜鉛鉱石を焙焼(ばいしょう)して得られた亜硫酸ガスから硫酸を製造する設備の定期修理中に発生した化学火傷である。

災害発生当日，硫酸工程用機械設備の年に１回行う定期修理がほぼ終了したので，作業者Ａは，同僚ＢおよびＣとともに，運転再開に向けての最終段階の点検を行うため，貯酸タンクから循環酸タンクと酸冷却装置に硫酸を試しに送給して，連結する配管・バルブの漏えい試験を行った。

作業は，酸冷却装置のａ系列，ｂ系列，ｃ系列の順で行うこととし，最初に［貯酸タンク→循環タンク系］を閉じて，酸冷却装置ａ系列に送酸したところ，配管の腐食による酸漏れが認められたので，酸冷却装置系を閉じ，送酸を［貯酸タンク→循環酸タンク系］に切り替えた。ａ系列の酸をドレンタンクに移した後，酸冷却装置のｂ系列を点検するため，酸冷却装置系に送酸を切り替えるバルブ操作をＡ，Ｂ，Ｃ，３名が分担して行い，Ａが循環酸タンク手前のバルブを閉じたとき，貯酸タンクと循環酸タンクの間のフレキシブルチューブが破裂して硫酸が噴出した。Ａは逃げたが，体の後方から硫酸を浴びた。

⑵　**災害の原因**

本災害の原因としては，次のようなことが考えられる。

①　配管・バルブの漏えい試験に硫酸を使用したこと。

②　特定化学物質作業主任者を選任しないで，有害な物質を取り扱う作業を行わせたこと。

③　非定常作業についての作業手順が定められていなかったこと。定期修理終了後の運転再開作業は危険性が高いにもかかわらず，作業者の経験に任せて作業を行わせていたこと。

④　保護衣などを着用させていなかったこと。

⑤　作業者に対する安全衛生教育が不十分であったこと。

⑥　定期修理時における安全衛生管理体制が確立されておらず，安全衛生管理が不十分であったこと。

⑶　対　　策

同種災害の防止のためには，次のような対策の徹底が必要である。

①　特定化学物質作業主任者の選任など安全衛生管理体制を整備して，安全衛生管理を徹底させること。特に，定期修理時には下請事業場に発注する作業も含む安全衛生管理体制を確立する必要がある。なお，作業主任者には法令で定められている職務を遂行させることが大切である。

②　有害な物質の取扱い等を行う作業者に対して安全衛生教育を十分に行うこと。

③　作業の安全に関するマニュアル等を整備し，関係作業者に周知徹底すること。定期修理終了時の配管等の漏えい試験など非定常作業について，作業手順を作成し，その徹底を図ること。

④　定期修理時にリスクアセスメントを実施し，危険有害場所作業を特定するとともに，リスクの低減策を定めること。配管・バルブの漏えい試験に硫酸等特定化学物質を使用しない方法などについて検討する必要がある。

⑷　災害の特徴

設備の改修，修理，解体等に伴って取扱い化学物質が漏えいしたり，有害物が発生して災害が発生することは少なくない。非定常作業においてもリスクアセスメントを実施し，作業手順を定めておくことの重要性を示す事例である。

出典：厚生労働省「職場のあんぜんサイト」

６－２　最近の法改正

⑴　化学物質管理の水準が一定以上の事業場の個別規制の適用除外

化学物質管理の水準が一定以上であると所轄都道府県労働局長が認定した事業場は，その認定に関する特別規則（特化則等）について個別規制の適用を除外し．特別規則の適用物質の管理を，事業者による自律的な管理（リスクアセスメントに基づく管理）に委ねることがでる。

⑵　ばく露の程度が低い場合における健康診断の実施頻度の緩和

有機溶剤，特定化学物質（特別管理物質等を除く），鉛，四アルキル鉛に関する特殊健康診断の実施頻度について，作業環境管理やばく露防止対策等が適切に実施されている場合には，事業者は，その実施頻度（通常は6月以内ごとに1回）を1年以内ごとに1回に緩和できる。

(3) 作業環境測定結果が第３管理区分の事業場に対する措置の強化

ア　作業環境測定の評価結果が第３管理区分に区分された場合の義務

① 当該作業場所の作業環境の改善の可否と，改善できる場合の改善方策について，外部の作業環境管理専門家の意見を聴かなければならない。

② ①の結果，当該場所の作業環境の改善が可能な場合，必要な改善措置を講じ，その効果を確認するための濃度測定を行い，結果を評価しなければならない。

イ　ア①で作業環境管理専門家が改善困難と判断した場合とア②の測定評価の結果が第３管理区分に区分された場合の義務

① 個人サンプリング測定等による化学物質の濃度測定を行い，その結果に応じて労働者に有効な呼吸用保護具を使用させること。

② ①の呼吸用保護具が適切に装着されていることを確認すること。

③ 保護具着用管理責任者を選任し，アとウの管理，特定化学物質作業主任者等の職務に対する指導（いずれも呼吸用保護具に関する事項に限る。）等を担当させること。

④ ア①の作業環境管理専門家の意見の概要と，ア②の措置と評価の結果を労働者に周知すること。

⑤ 上記措置を講じたときは，遅滞なくこの措置の内容を所轄労働基準監督署に届け出ること。

ウ　イの場所の評価結果が改善するまでの間の義務

① 6カ月以内ごとに1回，定期に，個人サンプリング測定等による化学物質の濃度測定を行い，その結果に応じて労働者に有効な呼吸用保護具を使用させること。

② 1年以内ごとに1回，定期に，呼吸用保護具が適切に装着されていることを確認すること。

エ　その他

① 作業環境測定の結果，第3管理区分に区分され，上記ア，イの措置を講ずるまでの間の応急的な呼吸用保護具についても，有効な呼吸用保護具を使用させること。

② イ①とウ①で実施した個人サンプリング測定等による測定結果，測定結果

の評価結果を保存すること（粉じんは７年間，特別管理物質は 30 年間）。

③　イ②とウ②で実施した呼吸用保護具の装着確認結果を３年間保存すること。

⑷　皮膚障害，皮膚吸収による健康障害防止に係る措置

安衛則第 594 条において，皮膚もしくは眼に障害を与える物を取り扱う業務または皮膚からの吸収･侵入により健康障害や感染をおこすおそれのある業務において，事業者は労働者のために，塗布剤，不浸透性の保護衣，保護手袋，履物または保護眼鏡等適切な保護具を備えなければならないとされている。

また，安衛則第 594 条の２において，皮膚もしくは眼に障害を与えるおそれまたは皮膚から吸収され，もしくは皮膚に侵入して，健康障害を生ずるおそれがあることが明らかな「皮膚等障害化学物質等」を製造し，または取り扱う業務（安衛法およびこれに基づく命令の規定により労働者に保護具を使用させなければならない業務および皮膚等障害化学物質等を密閉して製造し，または取り扱う業務を除く。）に労働者を従事させるときは，不浸透性の保護衣．保護手袋，履物または保護眼鏡等適切な保護具を使用させなければならないとされている。

さらに，安衛則第 594 条の３において．皮膚等障害化学物質等および皮膚もしくは眼に障害を与えるおそれまたは皮膚から吸収され，もしくは皮膚に侵入して，健康障害を生ずるおそれがないことがわからないものを製造し，または取り扱う業務に労働者を従事させるときは，当該労働者に保護衣，保護手袋，履物または保護眼鏡等適切な保護具を使用させるよう努めなければならないとされており，広範囲の物質に皮膚障害防止規定がかけられていることに留意が必要である。

⑸　化学物質を事業場内で別容器で保管する場合の措置

安衛則第 33 条の２において（安衛法第 57 条第１項の規定による表示がされた容器または包装により保管するときを除く。）当該物の名称および人体に及ぼす作用について，当該物の保管に用いる容器または包装への表示，文書の交付その他の方法により，当該物を取り扱う者に，明示しなければならないとされている。

これにより①ラベル表示対象物を，他の容器に移し替えて保管する場合，②自ら製造したラベル表示対象物を，容器に入れて保管する場合にも，最低限のラベル表示が義務となった。この規定は，保管を行う者と保管された対象物を取り扱う者が異なる場合の危険有害性の情報伝達が主な目的のため，一時的に小分けした際の容器や，作業場所に運ぶために移し替えた容器には適用外とされている。

＜記載事項＞

・名称および人体に及ぼす作用（必要に応じて絵表示）

＜情報伝達の方法として＞

・当該容器または包装への表示

・文書の交付

・使用場所への掲示

・必要事項を記載した一覧表の備え付け

・電磁的記録媒体に記録しその内容を常時確認できる機器を設置する

上記に示した例のほか「JIS Z 7253」の「5.3.3 作業場内の表示の代替手段」に示された方法によることも可能である。

なお，「化学物質等の危険性又は有害性等の表示又は通知等の促進に関する指針」（平成 24 年厚生労働省告示第 133 号）の規定では，第 4 条（事業者による表示及び文書の作成等）において，安衛則第 24 条の 14 第 1 項のラベル記載事項（イ．名称，ロ．人体に及ぼす作用，ハ．貯蔵又は取扱い上の注意，ニ．表示をする者の氏名（法人にあっては，その名称），住所及び電話番号，ホ．注意喚起語，ヘ．安定性及び反応性）および労働者に注意を喚起するための標章（絵表示）を表示し，ラベルを当該容器に印刷する，貼り付けるまたはくくりつけることを求めている。しかし，労働者の化学物質等の取扱いに支障が生じるおそれがある場合または表示が困難な場合は，当該容器等に名称および人体に及ぼす作用を表示し，必要に応じ絵表示を併記することとされている。

⑹ 化学物質による健康障害予防に係る法令

表6－3　化学物質による健康障害防止に係る法令（特化則を中心として）

化学物質（法2（3号の2），55～57の5）

- **新規化学物質（法57の3）**
  - 変異原性試験（安衛則34の3）→厚生労働大臣への届出（法57の3・①）→名称の公表（法57の3・③）→既存の化学物質
- **既存の化学物質**
  - 特定化学物質障害予防規則
    - 特殊な作業のみ規制
      - 1・3-ブタジエン，1・4-ジクロロ-2-ブテン（特化38の17），硫酸ジエチル（特化38の18），1・3-プロパンスルトン（特化38の19），リフラクトリーセラミックファイバー（特化則38の20），金属アーク溶接等作業（特化則38の21）
    - 用後処理追加物質
      - 排液（特化11）硫化ナトリウム
      - 排気（特化10）アクロレイン
    - 特定化学物質（令別表第3）
      - 第三類物質（特化2・①・6）
        - 第三類物質等（特化13）
      - 第二類物質（特化2・①・2）
        - 特定第二類物質（特化2・①・3）
        - オーラミン等（特化2・①・4）
          - 特定第二類物質等（特化4・①）
        - 特別有機溶剤（特化2・①・3の2）
        - 管理第二類物質（特化2・①・5）
        - 特別管理物質（特化38の3）
      - 第一類物質（製造許可物質）（法56　特化2・①・1）
        - 同左
    - 製造等禁止物質（法55）
  - 一般規則→労働安全衛生規則
  - 特別規則→有機溶剤中毒予防規則，特定化学物質障害予防規則，鉛中毒予防規則，四アルキル鉛中毒予防規則，石綿障害予防規則
  - 化学物質による健康障害防止指針（がん原性指針）（平24公23）
  - 事業者の行うべき調査等（法57の3）→指針の公表（法57の3・③）
  - 文書の交付等（法57の2）・化学物質の有害性の調査（法57の4）
  - 表示等（法57）→化学物質等の危険性又は有害性等の表示又は通知等の促進に関する指針（平24告133），厚生労働大臣の定める標章（平18告619）

（注）表6－3の用語の定義

	用語	定義
1	化学物質	元素および化合物をいう。（安衛法第2条第3号の2）
2	既存の化学物質	①　元素　②　天然に産出される化学物質 ③　放射性物質 ④　厚生労働大臣がその名称を公表した化学物質（政令第18条の2）
3	新規化学物質	物質の名称が公表された化学物質以外の化学物質（安衛法第57条の3）
4	化学物質等	化学薬品（基礎化学工業薬品のみならず，それを原材料として作られる無機化合物または有機化合物），化学薬品を含有する製剤その他のもので，労働者に健康障害を生ずるおそれのあるすべての物質（特化則第1条）
5	製造等禁止物質	尿路系器官，血液，肺にがん等の腫瘍を発生させることが明らかな物質で，製造等が禁止されている物質（安衛法第55条，安衛令第16条）
6	特定化学物質	規則の規制対象物質で慢性若しくは急性障害，がん等の腫瘍を発生させまたはそのおそれの大きいとされる物質および設備等からの漏えい防止措置を講ずべき物質（安衛令別表第3，特化則第2条第1項第7号）
7	第一類物質 （製造許可物質）	化学構造式からみて，主として尿路系器官にがん等の腫瘍を発生させるおそれの大きいとされる物質または難分解性物質で慢性障害をおこすおそれのある物質で，製造設備に厚生労働大臣の許可等を必要とする物質（安衛法第56条，安衛令別表第3第1号，特化則第2条第1項第1号）
8	第二類物質	慢性障害またはがん等の遅発性障害の防止対策を講ずべき物質（安衛令別表第3第2号，特化則第2条第1項第2号）
9	第三類物質	設備の維持管理上の措置等に伴う漏えい事故による急性障害または環境 汚染を防止するための措置を講ずべき物質（安衛令別表第3第3号，特化則第2条第1項第6号）
10	管理第二類物質	第二類物質のうち，特定第二類物質，特別有機溶剤等およびオーラミン等以外の物質で，慢性障害またはがん等の遅発性障害を発生するおそれのある物質（特化則第2条第1項第5号）
11	特定第二類物質	慢性障害またはがん等遅発性障害を発生するおそれのある物質（特化則第2条第1項第3号）
12	特別有機溶剤	エチルベンゼンおよび1・2-ジクロロプロパンに，有機溶剤として従来有機則が適用されていたクロロホルム他9物質（クロロホルム，四塩化炭素，1・4-ジオキサン，1・2-ジクロロエタン，ジクロロメタン，スチレン，1・1・2・2-テトラクロロエタン，テトラクロロエチレン，トリクロロエチレン，メチルイソブチルケトン）が加わったもの（特化則第2条第1項第3号の2）。いずれもヒトに対する発がんのおそれがある。
13	オーラミン等	尿路系器官にがん等の腫瘍を発生するおそれのある物質（特化則第2条第1項第4号）
14	特定第二類物質等	特定第二類物質またはオーラミン等慢性障害またはがん等遅発性障害の発生の防止を図るため，製造する設備を密閉式の構造とすべき物質（特化則第4条第1項）
15	特別管理物質	第一類物質または第二類物質のうちがん原性物質またはその疑いのある物質で，測定結果，作業の記録および健康診断結果の記録を30年間保存および有害性の掲示を講ずべき物質（特化則第38条の3）
16	第三類物質等	特定第二類物質（ガス状または液状の物）および第三類物質で設備からの漏えい事故による急性中毒または環境汚染を防止するための措置を講ずべき物質（特化則第13条）

⑺　特定化学物質に係る設備基準等

ア　製造等禁止物質に係る設備基準等　（表６－４参照）

イ　第一類物質に係る設備基準等　（表６－５参照）

ウ　第二類物質に係る設備基準等　（表６－６参照）

エ　第三類物質に係る設備基準等　（表６－７参照）

オ　設備の改造等の作業に係る措置　（表６－８参照）

⑻　表示，標識および掲示関係規定　（表６－９参照）

⑼　測定，健康診断等関係規定　（表６－10参照）

表６－４　製造等禁止物質に係る設備基準等

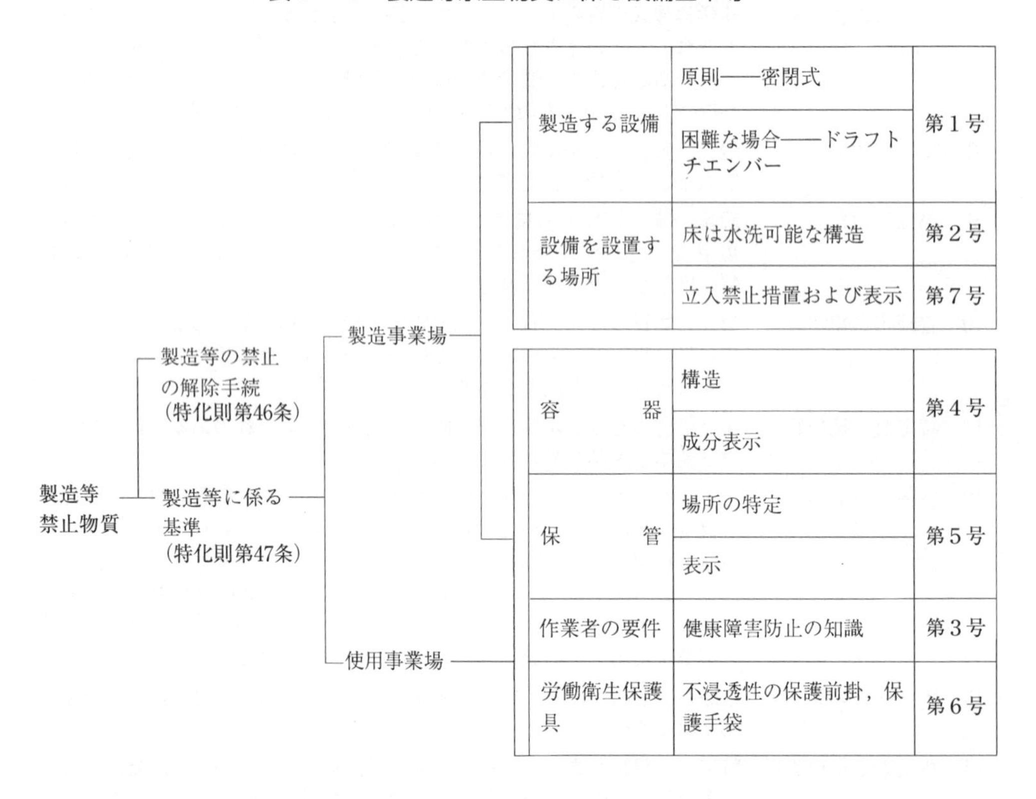

表6－5　第一類物質に係る設備基準等（総括表）

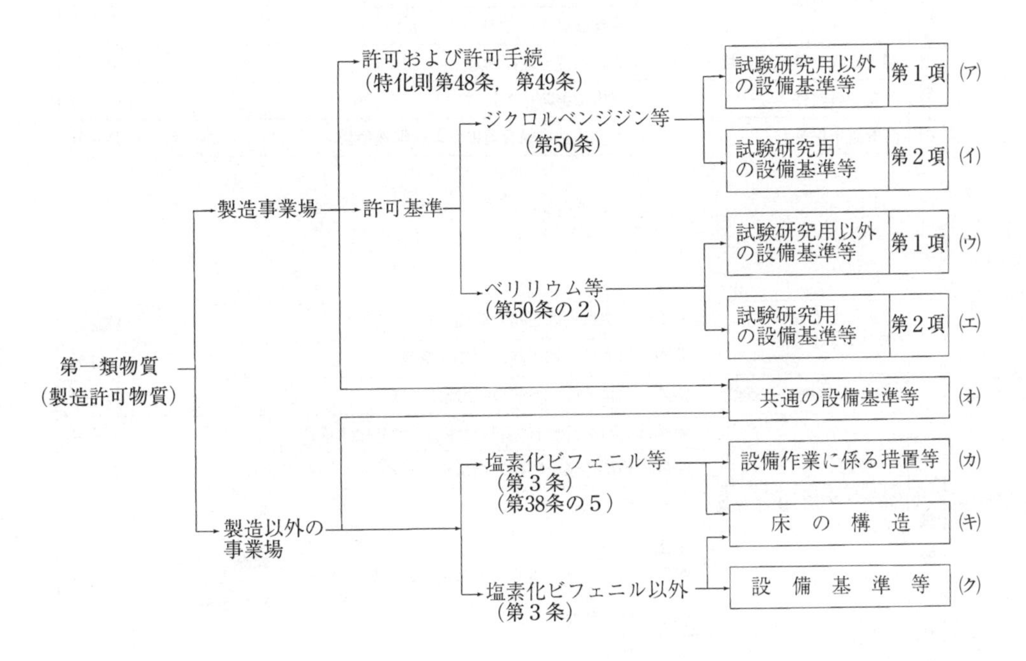

(注) 定　義

1 「ジクロルベンジジン等」…安衛令別表第3第1号1から5までおよび7に掲げる物並びに同号8に掲げる物で同号1から5までおよび7に係るもの

(ア)	試験研究用以外（第1号）	製造設備を設置する場所	隔離	第1号
			床，壁―不浸透性の材料	
		製造する設備	密閉式	第2号
			粉じん排出用排気筒―除じん装置の設置	第9号
			排液（排液処理装置）	第12号
			試料採取方法の適正化	第14号
		原材料等の供給，運搬	直接接触しない方法	第2号
		反応槽	漏えい，溢（いつ）出防止措置	第3号
		ふるい分け機，真空ろ過機	密閉，施錠等	第4号
		取扱い作業	隔離室での遠隔操作（湿潤な状態のものを除く）	第5号
		計量，容器または袋詰作業	原則―隔離室での遠隔操作	第6号
			困難な場合―囲い式フードの局排・プッシュプル型換気＋除じん装置の設置	
		作業規程の作成		第13号
		労働衛生保護具等	作業衣，不浸透性の保護手袋，保護長靴	第15号

（イ）

<table>
<tr><td rowspan="5">試験研究用（第2項）</td><td rowspan="2">製造する設備</td><td>原則—密閉式</td><td rowspan="2">第1号</td></tr>
<tr><td>困難な場合—ドラフトチエンバー</td></tr>
<tr><td>製造設備を設置する場所</td><td>床—水洗可能な構造</td><td>第2号</td></tr>
<tr><td>作業者の要件</td><td>健康障害防止の知識</td><td>第3号</td></tr>
<tr><td>労働衛生保護具</td><td>不浸透性の保護前掛および保護手袋</td><td>第4号</td></tr>
</table>

（ウ）

<table>
<tr><td rowspan="24">試験研究用以外（第1項・第2項）</td><td rowspan="2">①製造する設備
次の②③④を除く</td><td colspan="3">密閉式または周囲を覆う設備</td><td>第2号</td></tr>
<tr><td colspan="3">非開放状態で内部点検が可能な構造</td><td>第3号</td></tr>
<tr><td rowspan="3">②焼結，煆焼する設備</td><td colspan="3">隔離－局排・プッシュプル型換気装置</td><td>第1号</td></tr>
<tr><td colspan="3">焼結，煆焼物を吸引により匣鉢から取り出す構造</td><td>第8号</td></tr>
<tr><td colspan="3">匣鉢の粉砕作業－隔離－局排・プッシュプル型換気装置</td><td>第9号</td></tr>
<tr><td rowspan="5">③アーク炉による合金製造工程</td><td colspan="2">アーク炉上部作業</td><td rowspan="4">局排・
プッシュプル型換気装置</td><td rowspan="4">第5号</td></tr>
<tr><td colspan="2">湯出し作業
溶解したベリリウム等のガス抜きの作業</td></tr>
<tr><td colspan="2">浮滓の除去作業</td></tr>
<tr><td colspan="2">鋳込み作業</td></tr>
<tr><td colspan="3">アーク炉の電極挿入部分へのサンドシールの使用</td><td>第6号</td></tr>
<tr><td rowspan="2">④水酸化ベリリウムから高純度酸化ベリリウムを製造する工程</td><td>熱分解炉</td><td colspan="2">隔離</td><td>第7号イ</td></tr>
<tr><td>熱分解炉以外の設備</td><td colspan="2">密閉式または周囲を覆う設備</td><td>第7号ロ</td></tr>
<tr><td colspan="2">⑤ベリリウム等の送給，移送または運搬</td><td colspan="2">ベリリウム等が直接接触しない方法</td><td>第10号</td></tr>
<tr><td rowspan="2">粉状のベリリウム等取扱い作業
上記⑤を除く</td><td colspan="3">原則－隔離室での遠隔操作</td><td>第11号</td></tr>
<tr><td>計量，容器等への出し入れの作業</td><td colspan="2">原則の定めによることが著しく困難な場合－囲い式フード等の局排・プッシュプル型換気装置</td><td>第12号</td></tr>
<tr><td colspan="4">作業規程の作成</td><td>第13号</td></tr>
<tr><td>労働衛生保護具等</td><td colspan="3">作業衣および保護手袋（湿潤な状態のベリリウム等の際は不浸透性）</td><td>第14号</td></tr>
<tr><td colspan="4">ベリリウム等粉じんを排出する局排・プッシュプル型換気装置，排気筒に対する除じん装置の設置</td><td>第2項</td></tr>
<tr><td colspan="4">ベリリウム等を製造する設備からの排液に対する排液処理装置の設置</td><td>〃</td></tr>
<tr><td colspan="4">試料採取方法の適正化</td><td>〃</td></tr>
<tr><td>作業場の床および壁</td><td colspan="3">不浸透性の材料</td><td>第4号</td></tr>
</table>

（エ）

<table>
<tr><td rowspan="4">試験研究用（第3項）</td><td>製造する設備</td><td>原則－密閉式
困難な場合－ドラフトチエンバー</td><td>第3項</td></tr>
<tr><td>製造設備を設置する場所</td><td>床－水洗可能な構造</td><td>〃</td></tr>
<tr><td>労働衛生保護具</td><td>不浸透性の保護前掛および保護手袋</td><td>〃</td></tr>
<tr><td>作業者の要件</td><td>健康障害予防の知識</td><td>〃</td></tr>
</table>

（オ）

共通の措置	立入禁止措置	表示		第24条
	容器	こぼれる等のおそれのない構造		第25条①②
		名称等の表示		
	保管	特定化学物質を入れた容器	一定場所への集積	第25条③④
		空容器		

塩素化ビフェニル等関係

（カ）

容器へ出し入れする作業	原則は(ク)の「容器へ出し入れする作業」と同じであるが，局排(フードの型式の指定なし)でもよい	第3条
取扱いの作業	特殊な作業の管理に係る措置	第38条の5

床の構造

（キ）

取り扱う作業場所（製造作業場を除く）の床	不浸透性の材料	第21条

塩素化ビフェニル以外のもの関係

（ク）

容器へ出し入れする作業	密閉設備または囲い式フードの局排，プッシュプル型換気装置	第3条
反応槽へ投入する作業		
ベリリウム等を加工する作業	密閉設備または局排，プッシュプル型換気装置	第3条②

表6－6　第二類物質に係る設備基準等

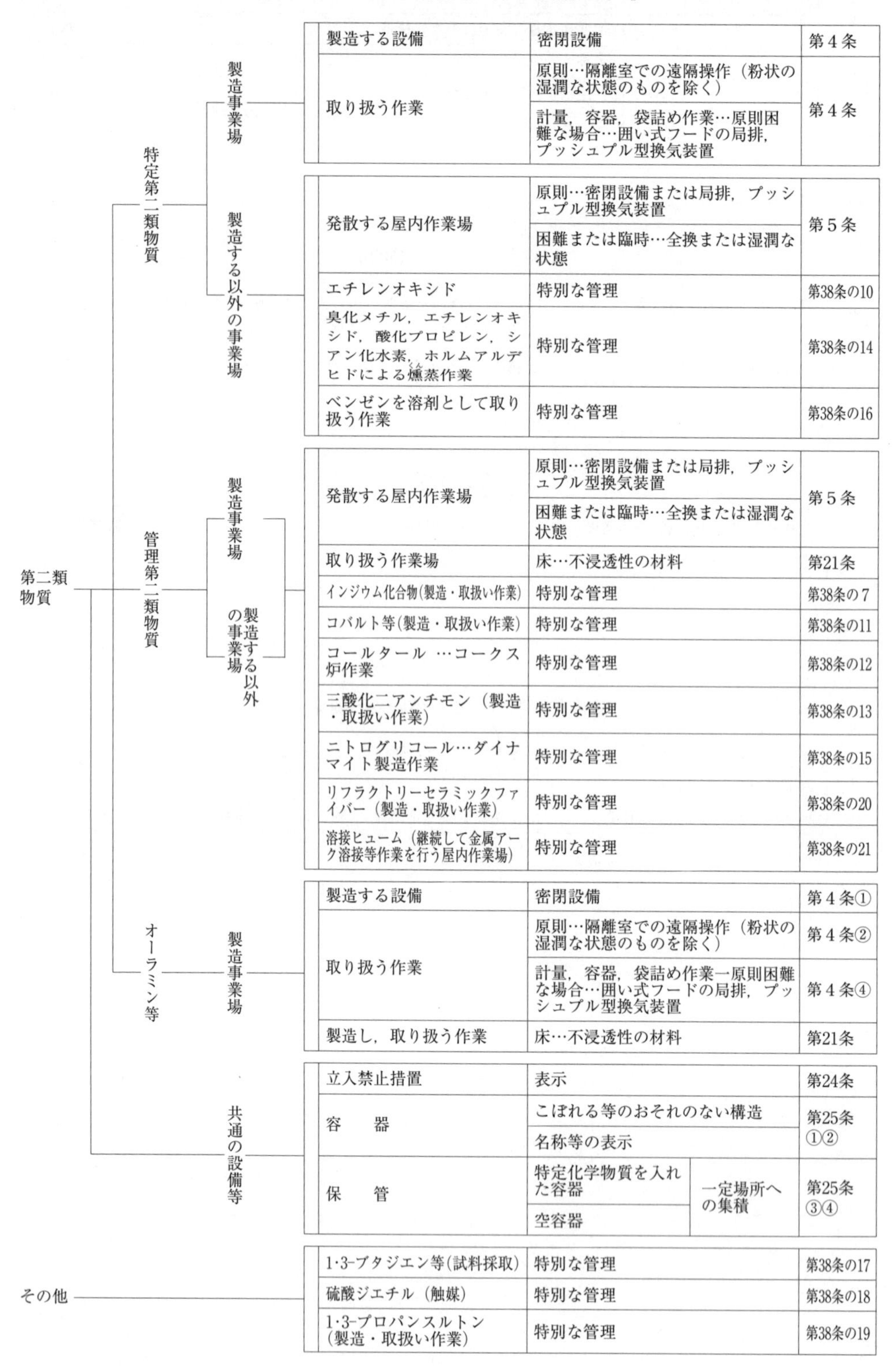

区分	物質	事業場	対象	措置	条文
第二類物質	特定第二類物質	製造事業場	製造する設備	密閉設備	第4条
			取り扱う作業	原則…隔離室での遠隔操作（粉状の湿潤な状態のものを除く）	第4条
				計量，容器，袋詰め作業…原則困難な場合…囲い式フードの局排，プッシュプル型換気装置	
		製造する以外の事業場	発散する屋内作業場	原則…密閉設備または局排，プッシュプル型換気装置	第5条
				困難または臨時…全換または湿潤な状態	
			エチレンオキシド	特別な管理	第38条の10
			臭化メチル，エチレンオキシド，酸化プロピレン，シアン化水素，ホルムアルデヒドによる燻蒸作業	特別な管理	第38条の14
			ベンゼンを溶剤として取り扱う作業	特別な管理	第38条の16
	管理第二類物質	製造事業場／製造する以外の事業場	発散する屋内作業場	原則…密閉設備または局排，プッシュプル型換気装置	第5条
				困難または臨時…全換または湿潤な状態	
			取り扱う作業場	床…不浸透性の材料	第21条
			インジウム化合物(製造・取扱い作業)	特別な管理	第38条の7
			コバルト等(製造・取扱い作業)	特別な管理	第38条の11
			コールタール…コークス炉作業	特別な管理	第38条の12
			三酸化二アンチモン（製造・取扱い作業）	特別な管理	第38条の13
			ニトログリコール…ダイナマイト製造作業	特別な管理	第38条の15
			リフラクトリーセラミックファイバー（製造・取扱い作業）	特別な管理	第38条の20
			溶接ヒューム（継続して金属アーク溶接等作業を行う屋内作業場）	特別な管理	第38条の21
	オーラミン等	製造事業場	製造する設備	密閉設備	第4条①
			取り扱う作業	原則…隔離室での遠隔操作（粉状の湿潤な状態のものを除く）	第4条②
				計量，容器，袋詰め作業一原則困難な場合…囲い式フードの局排，プッシュプル型換気装置	第4条④
			製造し，取り扱う作業	床…不浸透性の材料	第21条
		共通の設備等	立入禁止措置	表示	第24条
			容　器	こぼれる等のおそれのない構造	第25条①②
				名称等の表示	
			保　管	特定化学物質を入れた容器／空容器…一定場所への集積	第25条③④
その他			1·3-ブタジエン等(試料採取)	特別な管理	第38条の17
			硫酸ジエチル（触媒）	特別な管理	第38条の18
			1·3-プロパンスルトン（製造・取扱い作業）	特別な管理	第38条の19

表6－7　第三類物質に係る設備基準等

第三類物質等 ── 特定化学設備 ── 管理特定化学設備

措置	条文
計量装置の設置	第18条の2
警報設備等の設置	第19条
緊急しゃ断装置の設置	第19条の2
予備動力源等の設置	第19条の3

措置	条文
腐食防止措置	第13条
接合部の漏えい防止措置	第14条
バルブ等の開閉方向の表示等	第15条
バルブ等の材質等	第16条
送給原材料の表示	第17条
設備を設置する屋内作業場等の出入口	第18条
作業規程の作成	第20条
設備を設置する作業場の床 －不浸透性の材料	第21条
救護組織の確立等	第26条

表6－8　設備の改造等の作業に係る措置

設備の改造等の作業

製造等または特定化学物質を発生させる物を入れた設備等で滞留するおそれのあるものの内部の作業等（第22条）

措置		条文
①作業の方法等の決定および労働者への周知		第１号
②作業指揮者の選出および指揮		第２号
③設備からの特定化学物質等の排出		第３号
④作業箇所への配管から流入防止	バルブ，コックの二重化	第３号
	閉止板の設置	
⑤上記④の措置への施錠，表示または監視人		第４号
⑥設備開口部の開放		第５号
⑦換気装置による設備内部の換気		第６号
⑧測定等による確認		第７号
⑨閉止板を取り外す場合の確認		第８号
⑩非常の場合の器具等の備え付け		第９号
⑪労働衛生保護具の着用		第10号
⑫上記⑦の確認まで設備の内部へ頭部を入れないことの周知		第２項

上記以外の設備等で溶断等により特定化学物質を発生させるおそれのある設備の内部の作業等（第22条の2）

措置	条文
上記①の措置	第１号
上記②の措置	第２号
上記⑥の措置	第３号
上記⑦の措置	第４号
上記⑩の措置	第５号
上記⑪の措置	第6号，第2項

表6－9　表示，標識および掲示関係規定

表示する設備等	適用条項	表示，標識または掲示の設置および記載事項
特定化学設備のバルブ，コックまたはこれらを操作するためのスイッチ，押しボタン等	第15条（バルブ等の開閉方向の表示）	1　開閉の方向の表示 2　色分け，形状の区分等の実施
特定化学物質等の原材料	第17条（送給原材料等の表示）	1　当該設備に送給する原材料等の種類の表示 2　当該送給先の設備および必要事項
予備動力源	第19条の3第2号（予備動力源）	管理特定化学設備並びにその配管等に使用する動力源のバルブ，コック，スイッチ等の色分け，形状の区分の表示
特定化学物質の製造設備，貯蔵設備等のバルブ，コック等	第22条第1項第4号（設備の改善等の作業）	改善，修理，清掃等において，閉止したバルブ，コック等を開放してはならない旨の表示
第三類物質等が漏えいした作業場	第23条（退避等）	漏えいした作業場等への関係者以外の者の立入禁止の表示
特定化学物質を製造しまたは取り扱う作業場	第24条（立入禁止措置）	第一類物質，第二類物質を製造しまたは取り扱う作業場等への関係者以外の者の立入禁止の表示
特定化学物質の容器	第25条②（容器等）	特定化学物質の名称，取扱い上の注意事項の表示
作業環境測定の結果の評価により，第2管理区分，第3管理区分とされた作業場	第36条の3第3項 第36条の4第2項	評価の記録および改善のために講ずる措置
第3管理区分に区分された場所について，作業環境管理専門家が第1管理区分，第2管理区分とすることが困難と判断された作業場	第36条の3の2第4項	作業環境管理専門家の意見の概要，改善のために講ずる措置および濃度測定評価の結果
第一類物質，第二類物質を製造しまたは取り扱う作業場	第38条の2（喫煙等の禁止）	喫煙，飲食を禁止する旨の表示
特別管理物質を製造し，または取り扱う作業場	第38条の3	取り扱う特別管理物質の名称，取扱い上の注意事項等の掲示
塩素化ビフェニル等が付着している容器等	第38条の6	容器への表示
製造炉等に付着した三酸化二アンチモン等のかき落とし作業または湯出しの作業	第38条の13第3項第3号	関係者以外立入禁止の表示
倉庫等の燻蒸中の作業場所	第38条の14第5号	作業場所への立入禁止の表示
倉庫等の一部で燻蒸作業が行われている場所	第38条の14第7号ハ	当該倉庫等内で燻蒸が行われていない場所への立入禁止の表示
燻蒸したサイロ	第38条の14第9号ハ	汚染されるおそれのないことを確認するまでの間立入禁止の表示
1,3-ブタジエン等の製造，試料採取，設備の保守点検を行う作業場所	第38条の17第1項第2号	人体に及ぼす作用，取扱い上の注意事項等の掲示
硫酸ジエチル等を触媒として取り扱う作業場所	第38条の18第1項第2号	人体に及ぼす作用，取扱い上の注意事項等の掲示
1･3-プロパンスルトンを製造し，または取り扱う設備	第38条の19第1項第5号	バルブもしくはコックまたはこれを操作するためのスイッチ，押しボタン等の開閉の方向 色分け，形状の区分等の実施
1･3-プロパンスルトンを製造し，または取り扱う設備	第38条の19第1項第7号	原材料その他の物の種類，原材料その他の物を送給する設備その他必要な事項
1･3-プロパンスルトンを製造し，または取り扱う設備を設置する作業場または当該設備を設置する作業場以外の作業場で1･3-プロパンスルトン等を100L以上取り扱うもの	第38条の19第1項第10号	関係者以外立入禁止の表示
1･3-プロパンスルトンを運搬し，または貯蔵するとき	第38条の19第1項第12号	容器または包装の見やすい箇所に，1･3-プロパンスルトン等の名称および取扱い上の注意事項
1･3-プロパンスルトンを製造し，または取り扱う作業場	第38条の19第1項第18号	1･3-プロパンスルトンを製造し，または取り扱う作業場である旨 人体に及ぼす作用 取扱い上の注意事項 使用すべき保護具
製造禁止物質の保管個所	第47条第5号	保管の表示
製造禁止物質の容器	第47条第4号	製造禁止物質の成分の表示
製造禁止物質を製造する設備を設置禁止する場所	第47条第7号	関係者以外の者の立入禁止の表示

表6－10　測定，健康診断

種別	安衛令別表第3		特定化学物質名	混合物％		局排の要件（特化則第7条5号） 抑制濃度 大臣が定める性能告示 1号 mg／m³	cm³／m³	制御風速 2号 m／s
第一類物質（特化則第2条第1号）	許可物質 安衛法第56条	第1号 1	ジクロルベンジジンおよびその塩	安衛令別表第3第1号8	1			1.0
		2	アルファ-ナフチルアミンおよびその塩		1			1.0
		3	塩素化ビフェニル(PCB)		1	0.01		
		4	オルト-トリジンおよびその塩		1			1.0
		5	ジアニシジンおよびその塩		1			1.0
		6	ベリリウムおよびその化合物(合金3％を超えるもの)		1	0.001		
		7	ベンゾトリクロリド		0.5		0.05	
第二類物質（特化則第2条第2号）	特定第二類物質（特化則第2条第3号）	第2号 1	アクリルアミド	特化則別表第1	1	0.1		
		2	アクリロニトリル		1		2	
		4	エチレンイミン		1		0.05	
		5	エチレンオキシド		1	1.8	1	
		6	塩化ビニル		1		2	
		7	塩素		1		0.5	
		8の2	オルト-トルイジン		1		1	
		12	クロロメチルメチルエーテル		1			0.5
		15	酸化プロピレン		1	2		
		17	シアン化水素		1		3	
		19	3・3'-ジクロロ-4・4'-ジアミノジフェニルメタン		1	0.005		
		19の4	ジメチル-2・2-ジクロロビニルホスフェイト		1	0.1		
		19の5	1・1-ジメチルヒドラジン		1		0.01	
		20	臭化メチル		1		1	
		23	トリレンジイソシアネート		1		0.005	
		23の2	ナフタレン		1		10	
		24	ニッケルカルボニル		1	0.007	0.001	
		26	パラ-ジメチルアミノアゾベンゼン		1			1.0
		27	パラ-ニトロクロロベンゼン		5	0.6		
		28	弗(ふっ)化水素		5		0.5	
		29	ベータ-プロピオラクトン		1		0.5	
		30	ベンゼン		1		1	
		31の2	ホルムアルデヒド		1		0.1	
		34	沃(よう)化メチル		1		2	
		35	硫化水素		1		1	
		36	硫酸ジメチル		1		0.1	
		特別有機溶剤（特化則第2条第3号の2） 3の3	エチルベンゼン		1			
		11の2	クロロホルム		1			
		18の2	四塩化炭素		1			
		18の3	1・4-ジオキサン		1			
		18の4	1・2-ジクロロエタン		1			
		19の2	1・2-ジクロロプロパン		1			
		19の3	ジクロロメタン		1			
		22の2	スチレン		1			
		22の3	1・1・2・2-テトラクロロエタン		1			
		22の4	テトラクロロエチレン		1			
		22の5	トリクロロエチレン		1			
		33の2	メチルイソブチルケトン		1			

注1　特定化学物質名欄中の網掛けの物質は「特別管理物質」である（特化則第38の3）。その2も同じ。
　2　測定の実施欄の吸→吸光光度分析方法，ガス→ガスクロマトグラフ分析方法，原→原子吸光分析方法，ケイ→蛍光光度分析方法，高→高速液体クロマトグラフ分析方法，重→重量分析方法，誘→誘導結合プラズマ質量分析方法を示す。
　3　特化則の規定に基づく厚生労働大臣が定める性能（昭和59．9．30労働省告示第75号）にかかる最終改正は令和4.11.17厚生労働省告示第335号。

等の関係規定（その１）

容器への名称表示等（安衛法57条）（安衛則第30条～34条の２の⑥）		測定および評価					作業記録の保存（年）（特化則第38条の４）	健康診断記録の保存（年）（特化則第40条①②）	取扱い上の注意事項等の掲示（特化則第38条の３）	健康管理手帳交付（安衛法第67条安衛令第23条安衛則第53条）
		測定の実施（特化則第36条①，作業環境測定基準別表第１）	測定記録の保存（年）（特化則第36条②③）	評価の実施（管理濃度）（特化則第36条の２①，作業環境評価基準別表）		評価記録の保存（年）（特化則第36条の２②③）				
				mg／m³	ppm					
安衛令別表第3第1号	○	吸	30				30	30	○	
	○	吸，ケイ	30				30	30	○	
	○	ガス	3	0.01		3		5		
	○	吸	30				30	30	○	
	○	吸	30				30	30	○	３月従事
	○	吸，原，ケイ	30	0.001		30	30	30	○	陰影あり
	○	ガス	30		0.05	30	30	30	○	３年従事
安衛令第18条	○	ガス	3	0.1		3		5		
	○	吸，ガス	3		2	3		5		
	○	吸，高	30		0.05	30	30	30	○	
	○	ガス	30		1	30	30	5	○	
	○	ガス	30		2	30	30	30	○	４年従事
		吸	3		0.5	3		5		
	○	ガス	30		1	30	30	30	○	
	○	吸	30				30	30	○	
	○	ガス	30		2	30	30	30	○	
		吸	3		3	3		5		
	○	吸，ガス，高	30	0.005		30	30	30	○	
	○	ガス	30	0.1		30	30	30	○	
	○	高	30		0.01	30	30	30	○	
	○	吸，ガス	3		1	3		5		
	○	吸，高	3		0.005	3		5		
	○	ガス	30		10	30	30	30	○	
	○	吸，原	30		0.001	30	30	30	○	
	○	吸	30				30	30	○	
	○	吸，ガス	3	0.6		3		5		
	○	吸，高	3		0.5	3		5		
	○	ガス	30		0.5	30	30	30	○	
	○	吸，ガス	30		1	30	30	30	○	
	○	ガス，高	30		0.1	30	30	5	○	
	○	ガス	3		2	3		5		
		吸，ガス	3		1	3		5		
	○	吸，ガス	3		0.1	3		5		
	○	ガス	30		20	30	30	30	○	
	○	吸，ガス	30		3	30	30	30	○	
	○	吸，ガス	30		5	30	30	30	○	
	○	ガス	30		10	30	30	30	○	
	○	吸，ガス	30		10	30	30	30	○	
	○	ガス	30		1	30	30	30	○	２年従事
	○	ガス	30		50	30	30	30	○	
	○	吸，ガス	30		20	30	30	30	○	
	○	吸，ガス	30		1	30	30	30	○	
	○	ガス	30		25	30	30	30	○	
	○	吸，ガス	30		10	30	30	30	○	
	○	吸，ガス	30		20	30	30	30	○	

表６－10　測定，健康診断

種別		安衛令別表第3	特定化学物質名		主な規制事項 混合物％		局排の要件（特化則第７条第５号） 抑制濃度 大臣が定める性能告示 1号 mg／m³	cm³／m³	制御風速 2号 m／s
第二類物質（特化則第2条第2号）	オーラミン等	特化則第2条第4号	8	オーラミン		1			1.0
			32	マゼンタ		1			1.0
	管理第二類物質（特化則第2条第5号）	第2号	3	アルキル水銀化合物	特化則別表第1	1	0.01		
			3の2	インジウム化合物		1			1.0
			9	オルト-フタロジニトリル		1	0.01		
			10	カドミウムおよびその化合物		1	0.05		
			11	クロム酸およびその塩		1	0.05		
			13	五酸化バナジウム		1	0.03		
			13の2	コバルトおよびその無機化合物		1	0.02		
			14	コールタール		5	0.2		
			15の2	三酸化二アンチモン		1	0.1		
			16	シアン化カリウム		5	3		
			18	シアン化ナトリウム		5	3		
			21	重クロム酸およびその塩		1	0.05		
			22	水銀およびその無機化合物		1	0.025		
			23の3	ニッケル化合物		1	0.1		
			25	ニトログリコール		1		0.05	
			27の2	砒素およびその化合物		1	0.003		
			31	ペンタクロルフェノールおよびそのナトリウム塩		1	0.5		
			33	マンガンおよびその化合物		1	0.05		
			34の2	溶接ヒューム		1	0.05		
			34の3	リフラクトリーセラミックファイバー		1	0.3本／cm³		
第三類物質（特化則第2条第6号）		第3号	1	アンモニア	特化則別表第2	1			
			2	一酸化炭素		1			
			3	塩化水素		1			
			4	硝酸		1			
			5	二酸化硫黄		1			
			6	フェノール		5			
			7	ホスゲン		1			
			8	硫酸		1			
製造禁止物質（安衛法第55条）		第16条	1	黄りんマッチ	安衛令第16条①第9号	1			
			2	ベンジジンおよびその塩		1			
			3	4-アミノジフェニルおよびその塩		1			
			4	石綿		0.1			
			5	4-ニトロジフェニルおよびその塩		1			
			6	ビス（クロロメチル）エーテル		1			
			7	ベーターナフチルアミンおよびその塩		1			
			8	ベンゼンを含有するゴムのり		5			

等の関係規定（その２）

	容器への名称表示等（安衛法57条）（安衛則第30条～34条の２の６）	測定および評価　測定の実施（特化則第36条①，作業環境測定基準別表第１）	測定記録の保存（年）（特化則第36条②③）	評価の実施（管理濃度）（特化則第36条の2①,作業環境評価基準別表）		評価記録の保存（年）（特化則第36条の２②③）	作業記録の保存（年）（特化則第38条の４）	健康診断記録の保存（年）（特化則第40条①②）	取扱い上の注意事項等の掲示（特化則第38条の３）	健康管理手帳交付（安衛法第67条安衛令第23条安衛則第53条）
				mg／m^3	ppm					
安衛令第18条	○	吸	30				30	30	○	
	○	吸	30				30	30	○	
	○	吸，ガス，原	3	0.01		3		5		
	○	誘	30				30	30	○	
	○	ガス	3	0.01				5		
	○	吸，原	3	0.05		3		5		
	○	吸，原	30	0.05		30	30	30	○	4年従事
	○	吸，原	3	0.03		3		5		
	○	原	30	0.02		30	30	30	○	
	○	重	30	0.2		30	30	30	○	5年従事
	○	原	30	0.1		30	30	30	○	
	○	吸	3	3		3		5		
	○	吸	3	3		3		5		
	○	吸，原	30	0.05		30	30	30	○	4年従事
	○	吸，原	3	0.025		3		5		
	○	原	30	0.1		30	30	30	○	
		吸	3		0.05	3		5		
	○	吸，原	30	0.003		30	30	30	○	5年従事
	○	吸	3	0.5		3		5		
	○	吸，原	3	0.2		3		5		
	○	吸，原	3			3		5	○	
	○	計数	30	0.3本／cm^3		30	30	30	○	
										3月従事
										3年従事
										3月従事

第７章

特別有機溶剤等に関する規制
―特別有機溶剤に係る特化則・有機則の関係―

本章のねらい

特別有機溶剤の位置づけ，および労働衛生関係法令による特別有機溶剤等の規制の内容について学びます。

７－１　特別有機溶剤，特別有機溶剤等とは

平成 24 年～平成 26 年の特化則の改正，平成 26 年の有機則の改正に伴い，エチルベンゼンおよび1,2－ジクロロプロパンの２物質と，それまで有機則で規制されていたクロロホルム，四塩化炭素，1,4－ジオキサン，1,2－ジクロロエタン（別名二塩化エチレン），ジクロロメタン（別名二塩化メチレン），スチレン，1,1,2,2－テトラクロロエタン（別名四塩化アセチレン），テトラクロロエチレン（別名パークロルエチレン），トリクロロエチレンおよびメチルイソブチルケトンの 10 物質を合わせた合計 12 物質が，特化則第２条第１項第３号の２で「特別有機溶剤」（特化物，第２類・特別管理物質）と位置づけられ，特化則で規制（有機則を一部準用）されることとなった（図７－１）。

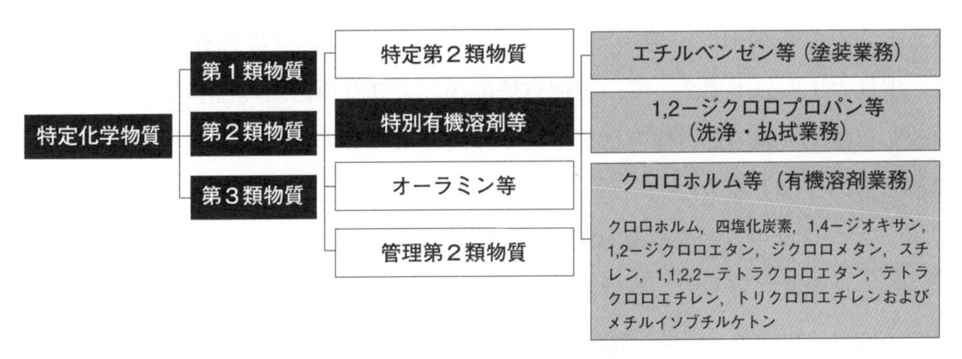

図７－１　特別有機溶剤の位置づけ

また，同項第３号の３では，これらの特別有機溶剤に加えて，特別有機溶剤を単一成分として，重量の１％超えて含有するもの，および特別有機溶剤または労働安全衛生法施行令別表第６の２の有機溶剤の含有量（これらのものが２種類以上含まれる場合は，それらの含有量の合計）が５％を超えて含有するものを含めて「特別有機溶剤等」とし，同様に規制することとなった。

これらの物質は，通常，溶剤として使用されているものであるが，国が専門家を集めて行った化学物質による労働者の健康障害防止に係るリスク評価（化学物質のリスク評価検討会）において，職業がんの原因となる可能性があることを踏まえ，記録の保存期間の延長等の措置について検討する必要があるとされたものである。

７－２　規制の対象

特別有機溶剤等に関する規制の対象は，大きく次の３つに分けられる。なお，これらを総称して，特別有機溶剤業務という。

⑴　クロロホルム等有機溶剤業務

特化則では，特別有機溶剤のうち，エチルベンゼンおよび1,2－ジクロロプロパンを除いた10物質（クロロホルム，四塩化炭素，1,4－ジオキサン，1,2－ジクロロエタン，ジクロロメタン，スチレン，1,1,2,2－テトラクロロエタン，テトラクロロエチレン，トリクロロエチレンおよびメチルイソブチルケトン（以下，「クロロホルムほか９物質」））およびこれらを含有する製剤その他の物を総称して「クロロホルム等」としている。これらは，従来，有機溶剤として有機則の対象とされてきたが，化学物質のリスク評価検討会において職業がんの原因となる可能性があるとされて，平成26年の法改正により特定化学物質とされたものである。

「クロロホルム等有機溶剤業務」とは，そのクロロホルム等を単一成分で１％を超えて含有する製剤その他の物に加えて，クロロホルム等の含有量が，単一成分で，重量の１％以下であって，特別有機溶剤および有機溶剤の含有量の合計が重量の５％を超える製剤その他の物を用いて屋内作業場等で行う次の業務をいう（特化則第２条の２第１号イ）。

① クロロホルム等を製造する工程におけるクロロホルム等のろ過，混合，攪(かく)拌(はん)，加熱又は容器若しくは設備への注入の業務

② 染料，医薬品，農薬，化学繊維，合成樹脂，有機顔料，油脂，香料，甘味料，火薬，写真薬品，ゴム若しくは可塑剤又はこれらのものの中間体を製造する工

程におけるクロロホルム等のろ過，混合，攪拌又は加熱の業務

③　クロロホルム等を用いて行う印刷の業務

④　クロロホルム等を用いて行う文字の書込み又は描画の業務

⑤　クロロホルム等を用いて行うつや出し，防水その他物の面の加工の業務

⑥　接着のためにするクロロホルム等の塗布の業務

⑦　接着のためにクロロホルム等を塗布された物の接着の業務

⑧　クロロホルム等を用いて行う洗浄（⑫に掲げる業務に該当する洗浄の業務を除く。）又は払拭の業務

⑨　クロロホルム等を用いて行う塗装の業務（⑫に掲げる業務に該当する塗装の業務を除く。）

⑩　クロロホルム等が付着している物の乾燥の業務

⑪　クロロホルム等を用いて行う試験又は研究の業務

⑫　クロロホルム等を入れたことのあるタンク（クロロホルムほか９物質の蒸気の発散するおそれがないものを除く）の内部における業務

⑵　エチルベンゼン塗装業務

エチルベンゼンは，一般に溶剤として使用されているものであるが，ヒトに対する発がん性のおそれが指摘されており，国の化学物質のリスク評価検討会において，屋内作業場における塗装の業務について管理が必要であるとされたものである。

「エチルベンゼン塗装業務」とは，エチルベンゼンおよびそれを重量の１％を超えて含有する製剤その他の物に加えて，エチルベンゼンの含有量が重量の１％以下であって，特別有機溶剤及び有機溶剤の含有量の合計が重量の５％を超える製剤その他の物を用いて屋内作業場等で行う塗装業務をいう（特化則第２条の２第１号ロ）。

⑶　1,2－ジクロロプロパン洗浄・払拭業務

1,2－ジクロロプロパンは，国内で長期間にわたる高濃度のばく露があった労働者に胆管がんを発症した事例により，ヒトに胆管がんを発症する可能性が明らかになったことに加え，国の化学物質のリスク評価検討会において，洗浄または払拭の業務に従事する労働者に高濃度のばく露が生ずるリスクが高く，健康障害のリスクが高いとされたものである。有機溶剤と同様に溶剤として使用される実態にある。そのため，それらの有害性と使用の実態を考慮した健康障害防止措置を取ることが必要とされているものである。

「1,2－ジクロロプロパン洗浄・払拭業務」とは，その1,2－ジクロロプロパンお

よびこれを重量の１％を超えて含有する製剤その他の物に加えて，1,2－ジクロロプロパンの含有量が重量の１％以下であって，特別有機溶剤および有機溶剤の含有量の合計が重量の５％を超える製剤その他の物を用いて屋内作業場等で行う洗浄・払拭の業務をいう（特化則第２条の２第１号ハ）。

７－３　規制の内容

⑴　規制の概念

特別有機溶剤等に係る規制内容の概念を図７－２に示す。図中の「特化則別表第１（第37号を除く）で示す範囲」（A1とA2）については，発がん性に着目し，ほかの特定化学物質と同様に特化則の規制が適用されるが，発散抑制措置，呼吸用保護具等については，有機則の規定が準用される。また，「特化則別表第１第37号で示す範囲」（B）については，有機則と同様の規制が適用される。

なお，この図は特化則に係る規制の概念を示し，有機溶剤はいずれも「特別有機溶剤と有機溶剤との合計が５％」を超えるか否かで区別している。有機溶剤の合計が５％を超える場合は，特別有機溶剤の量に関係なく有機則が適用される。

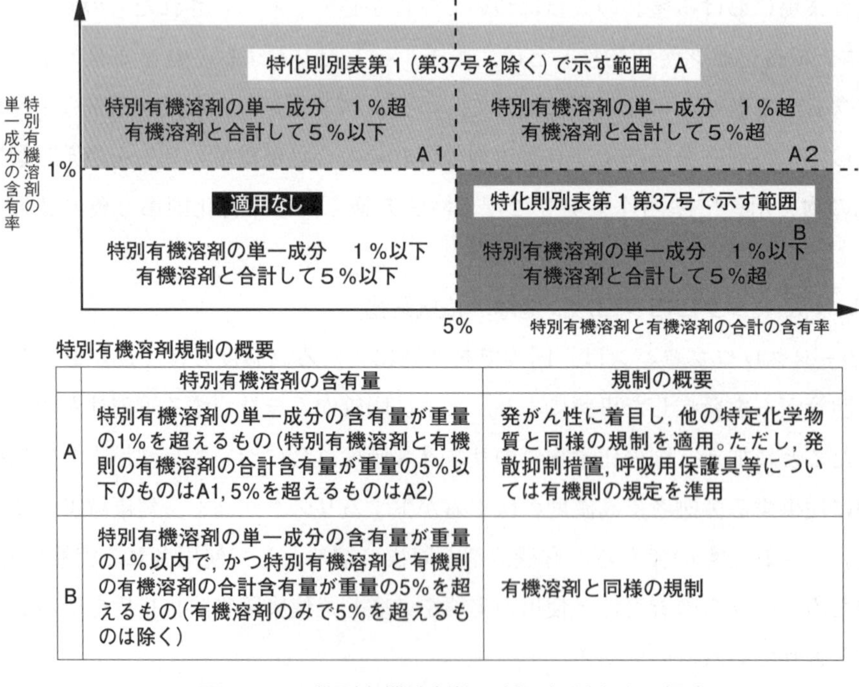

特別有機溶剤規制の概要

	特別有機溶剤の含有量	規制の概要
A	特別有機溶剤の単一成分の含有量が重量の1%を超えるもの（特別有機溶剤と有機則の有機溶剤の合計含有量が重量の5%以下のものはA1，5%を超えるものはA2）	発がん性に着目し，他の特定化学物質と同様の規制を適用。ただし，発散抑制措置，呼吸用保護具等については有機則の規定を準用
B	特別有機溶剤の単一成分の含有量が重量の1%以内で，かつ特別有機溶剤と有機則の有機溶剤の合計含有量が重量の5%を超えるもの（有機溶剤のみで5%を超えるものは除く）	有機溶剤と同様の規制

図７－２　特別有機溶剤等に係る規制内容の概念

⑵　規制の内容

特別有機溶剤は溶剤として使用される実態があり，それに応じた健康障害防止措置を規定する必要があることから，特化則第５章の２の「特殊な作業等の管理」の第38条の８に基づき，有機則の規定の一部が準用（適用）されることになっている。

表７－１，表７－２は，特別有機溶剤業務に適用される特化則と有機則の規定を整理したものである。また表７－３は，これまで有機則で規制されてきたクロロホルムほか９物質について，新規に必要な措置と継続する措置を整理したものである。

特別有機溶剤等の規制で特に注意すべき点は以下のとおりである。

① 特別有機溶剤業務については，有機溶剤作業主任者技能講習の修了者の中から，特定化学物質作業主任者を選任し，その任にあたらせる必要があること。

② 有機則の準用（適用）に当たっては，クロロホルムほか９物質は改正前の種別（第１種有機溶剤，第２種有機溶剤）に，エチルベンゼンと1,2－ジクロロプロパンは第２種有機溶剤に読み替えて適用されること（特化則第38条８の読み替え表）。なお，特別有機溶剤と有機溶剤との混合物が第１種～第３種のいずれになるかは，これまでの有機則の適用とほぼ同様であるが，第１種の特別有機溶剤の単一成分が１％を超えて含有するものは，第１種有機溶剤等に，第２種の特別有機溶剤の単一成分が１％を超えて含有するものは，第２種有機溶剤等になるので注意が必要である。

第１種有機溶剤として読み替えるもの	クロロホルム，四塩化炭素，1,2－ジクロロエタン，1,1,2,2－テトラクロロエタン，トリクロロエチレン
第２種有機溶剤として読み替えるもの	エチルベンゼン，1,2－ジクロロプロパン，1,4－ジオキサン，ジクロロメタン（別名二酸化メチレン），スチレン，テトラクロロエチレン，メチルイソブチルケトン

③ クロロホルムほか９物質について，改正前と大きく異なる点として，混合物において，これまでは含まれる有機溶剤（特別有機溶剤を含む）の合計が重量の５％を超えないと有機則が適用とならなかったが，混合物内の特別有機溶剤の単一成分が重量の１％を超えると特化則の適用になること。

④ 作業環境測定，特殊健康診断については，有機則，特化則の両規制がかかり，濃度によって実施と記録の保存年限が異なること（表７－４，表７－５）。

⑤ 特化物の特別管理物質としての掲示（特化則第38条の３），有機溶剤としての掲示（有機則第24条）の両方の対応が必要なこと（表７－６）。なお，両規則による掲示の共通部分を重ねて表示しなくてよい。

⑥　特別有機溶剤業務にかかる作業の記録を作成し，30 年間保存する必要があること（特化則第 38 条の４）。

表7－1　特別有機溶剤等にかかる特化則の適用整理表

注）本表には有機則の準用は含まない。

条文		内容	特別有機溶剤の単一成分の含有量が1％超	特別有機溶剤の単一成分の含有量が1％以下(注)
第1章 総則	2	定義	「特別有機溶剤等」	
	2の2	適用除外業務	● 上記2の規制対象となる業務以外の業務を除外	
第2章 製造等に 係る措置	3	第1類物質の取扱いに係る設備	×	
	4	特定第2類物質，オーラミン等の製造等に係る設備	×	
	5	特定第2類物質，管理第2類物質に係る設備	×	
	6～6の3	第4条，第5条の措置の適用除外	×	
	7	局所排気装置等の要件	×	
	8	局所排気装置等の稼働時の要件	×	
第3章 用後処理	9	除じん装置	×	
	10	排ガス処理装置	×	
	11	廃液処理装置	×	
	12	残さい物処理	×	
	12の2	ぼろ等の処理	●※1	×
第4章 漏えいの 防止	13～20	第3類物質等の漏えいの防止	×	
	21	床の構造	×	
	22・22の2	設備の改造等	●※1	×
	23	第3類物質等が漏えいした場合の退避等	×	
	24	立入禁止措置	●※1	×
	25	容器等	●※2	●(一部適用)
	26	第3類物質等が漏えいした場合の救護組織等	×	
第5章 測定	27・28	作業主任者の選任，職務	● (有機溶剤作業主任者技能講習を修了した者から選任)	
	29～35	定期自主検査，点検，補修等	×	
	36～36の4	作業環境測定	●	×
	37	休憩室	●※1	×
	38	洗浄設備	●	×
	38の2	喫煙，飲食等の禁止	●※1	×
	38の3	掲示	●	×
	38の4	作業記録	●	×
第6章 健康診断	39～41	健康診断	●※3	×
	42	緊急診断	●	●(一部適用)
第7章 保護具	43～45	呼吸用保護具，保護衣等の備え付け等	●※1	×
第8章 製造許可等	46～50の2	製造許可等に係る手続き等	×	
第9章 技能講習	51	特定化学物質及び四アルキル鉛等作業主任者技能講習	×	
第10章 報告	53	記録の報告	●	×

(注) 特別有機溶剤と有機溶剤の含有量の合計が重量の5％を超えるものに限る。

※1　クロロホルム等を除く。

※2　クロロホルム等は，第25条第2～第3項を除く。

※3　エチルベンゼン塗装業務，1,2－ジクロロプロパン洗浄・払拭業務，ジクロロメタン（洗浄・払拭業務に限る）については，配置転換後も現に雇用している者に，引き続き実施

表７－２　特別有機溶剤等にかかる有機則の準用整理表

条文		内容	特別有機溶剤の含有量が１％超	特別有機溶剤の含有量が１％以下（注）	有規則の準用を示す特化則条文
第１章総則	1	定義	●		38条の８
	2	適用除外（許容消費量）	●（※１）	●（※３）	
	3・4	適用除外（署長認定）	●（※２）	●（※４）	
	4の2	適用除外（局長認定）	●（※５）	●（※６）	
第２章設備	5	第１種有機溶剤等，第２種有機溶剤等に係る設備	●		
	6	第３種有機溶剤等に係る設備	●		
	7～13の3	第５条，第６条の措置の適用除外	●		
第３章換気装置の性能等	14～17	局所排気装置等の要件	●		
	18	局所排気装置等の稼働時の要件	●		
	18の2・18の3	局所排気装置等の稼働の特例許可	●		
第４章管理	19・19の2	作業主任者の選任．職務	×		
	20～23	定期自主検査，点検，補修	●		
	24	掲示	●		
	25	区分の表示	●		
	26	タンク内作業	●		
	27	事故時の退避等	●		
第５章測定	28～28の4	作業環境測定	●（※７・８）	●（※８）	36条の５
第６章健康診断	29～30の3	健康診断	●（※７・９）	●（※９）	41条の２
	30の4	緊急診断	×		
	31	健康診断の特例	●（※７）	●	
第７章保護具	32～34	送気マスク等の使用，保護具の備え付け等	●		38条の８
第８章貯蔵と空容器の処理	35・36	貯蔵，空容器の処理	×		
第９章技能講習	37	有機溶剤作業主任者技能講習	●（特化則第27条により適用）		

（注）特別有機溶剤と有機溶剤の含有量の合計が重量の５％を超えるものに限る。

※１　第２章，第３章，第４章（第27条を除く。），第７章および第９章について適用除外

※２　第２章，第３章，第４章（第27条を除く。），第５章，第６章，第７章，第９章および特化則第42条第２項について適用除外

※３　第２章，第３章，第４章（第27条を除く。），第７章，第９章および特化則第27条について適用除外

※４　第２章，第３章，第４章（第27条を除く。），第５章，第６章，第７章，第９章および特化則第27条，第42条第３項について適用除外

※５　第２章，第３章，第４章（第27条を除く。），第５章，第７章（第32条および第33条を除く），第９章および特化則第42条第３項について適用除外

※６　第２章，第３章，第４章（第27条を除く。），第５章，第７章（第32条および第33条を除く），第９章および特化則第27条，第42条第３項について適用除外

※７　特別有機溶剤および有機溶剤の含有量が５％以下のものを除く。

※８・９　作業環境測定に係る保存義務は３年間，健康診断に係る保存義務は５年間。

編注：表７－１，７－２，７－３は平成24年10月26日付基発1026第６号・雇児発1026第２号，平成25年８月27日付基発0827第６号，平成26年９月24日付基発0924第６号・雇児発0924第７号および令和４年５月31日付基発0531第９号により作成したもの。

表7－3　クロロホルムほか9物質の措置内容

措置内容	平成26年改正前の主な条文（有機則）	平成26年改正後の主な条文（特化則）	主な変更点		濃度範囲（※）		
					A1	A2	B
発散抑制措置	有機則第5条	特化則第38条の8（有機則第5条準用）	継続	従来と同様の措置（局所排気装置等の設置）が必要★	●	●	●
定期自主検査	有機則第20条第2項	特化則第38条の8（有機則第20条第2項準用）	継続	従来と同様の措置（局所排気装置等の1年以内ごとに1回の検査）が必要★	●	●	●
作業主任者	有機則第19条第2項	特化則第27条第1項	新規	有機溶剤作業主任者講習修了者から特定化学物質作業主任者の選任が必要★	●	●	●
作業環境測定と記録の保存	有機則第28条第2項，3項（単一又は混合物成分の測定と3年間保存）	特化則第36条第1項，3項	新規	クロロホルムほか9物質の単一成分（1％超の場合）の測定が必要。記録は30年間保存★	●	●	
		特化則第36条の5（有機則第28条第2項，3項準用）	継続	特別有機溶剤と有機溶剤の混合物（合計して5％超の場合）の測定が必要，記録は3年間保存		●	●
作業環境測定評価と記録の保存	有機則第28条の2第1項，2項（単一又は混合物成分の測定評価と3年間保存）	特化則第36条の2第1項，3項	新規	クロロホルムほか9物質の単一成分（1％超の場合）の測定の評価が必要，記録は30年保存★	●	●	
		特化則第36条の5（有機則第28条の2第1項．2項準用）	継続	特別有機溶剤と有機溶剤の混合物（合計して5％超の場合）の測定の評価が必要，記録は3年間の保存		●	●
健康診断	有機則第29条第2項，3項，5項（有機則健診の実施）	特化則第39条第1項	新規	現在の作業従事者について，クロロホルムほか9物質の単一成分（1％超の場合）の特化物健診が必要★	●	●	
		特化則第39条第2項	新規	過去の作業従事者について，ジクロロメタン（洗浄・払拭業務）は，単一成分（1％超の場合）の特化物健診が必要★	●	●	
		特化則第41条の2（有機則第29条第2項．5項準用）	継続	現在の作業従事者について，特別有機溶剤と有機溶剤の混合物（合計して5％超の場合）の有機溶剤健診が必要		●	●
健康診断結果の保存	有機則第30条（有機溶剤等健康診断個人票の5年間保存）	特化則第40条第2項	新規	クロロホルムほか9物質の単一成分（1％超塁の場合）の特化物健診の様式（特定化学物質健康診断個人票）により記録が必要。記録は30年間保存★	●	●	
		特化則第41条の2（有機則第30条準用）	継続	特別有機溶剤と有機溶剤の混合物（合計して5％超の場合）の有機溶剤健診の様式（有機溶剤等健康診断個人票）により記録が必要。記録は5年間保存		●	●
健康診断の結果報告	有機則第30条の3（有機溶剤等健康診断結果報告書の提出）	特化則第41条	新規	クロロホルムほか9物質の単一成分（1％超の場合）の特化物健診の様式（特定化学物質健康診断結果報告書）により報告が必要★	●	●	
		特化則第41条の2（有機則第30条の3準用）	継続	特別有機溶剤と有機溶剤の混合物（合計して5％超の場合）の有機溶剤健診の様式（有機溶剤等健康診断結果報告書）により報告が必要		●	●
掲示	有機則第24条第1項	特化則第38条の8（有機則第24条第1項準用）	継続	従来と同様の措置（人体に与える影響，取扱注意事項の掲示）が必要★	●	●	●
区分表示	有機則第25条第1項，2項	特化則第38条の8（有規則第25条第1項，2項準用）	継続	従来と同様の措置（有機溶剤の区分表示）が必要★	●	●	●
溶剤の貯蔵	有機則第35条	特化則第25条第1項	新規	特化則に基づく堅固な容器・確実な包装が必要★	●	●	●
		特化則第25条第5項	新規	特化則に基づく貯蔵場所へ立入禁止，蒸気の排出設備の措置が必要★	●	●	●
空容器の処理	有機則第36条	特化則第25条第4項	新規	特化則に基づく発散防止装着，一定の保管場所へ集積の措置が必要★	●	●	●

★は，従来有機則の対象となっていなかった「クロロホルムほか9物質の単一成分で1％超，かつ特別有機溶剤と有機溶剤の合計の含有率が5％以下のもの」も対象に追加されるものである（経過措置あり）

※ Al，A2，Bの区分は図7－2参照のこと

表7－4　作業環境測定の適用

	A（特別有機溶剤の単一成分1％超）		B（特別有機溶剤の単一成分1％以下であって，特別有機溶剤と有機溶剤の合計5％超）
	特別有機溶剤と有機溶剤の合計5％以下 A1	特別有機溶剤と有機溶剤の合計5％超 A2	
特別有機溶剤の測定	○（30年）	○（30年）	×
混合有機溶剤の各成分の測定	×	○（3年）	○（3年）

※特別有機溶剤と有機溶剤との合計の含有量が重量の5％を超える場合は，有機則で測定が義務づけられている有機溶剤混合物についても測定

※（　）内は測定と評価の記録の保存期間

表7－5　健康診断の適用

	A（特別有機溶剤の単一成分1％超）		B（特別有機溶剤の単一成分1％以下であって，特別有機溶剤と有機溶剤の合計5％超）
	特別有機溶剤と有機溶剤の合計5％以下 A1	特別有機溶剤と有機溶剤の合計5％超 A2	
特別有機溶剤の特殊健康診断	○（30年）	○（30年）	×
過去に特別有機溶剤業務に従事させたことのある労働者の特化則に定める特殊健康診断	○（30年） （一部の業務*）	○（30年） （一部の業務*）	×
有規則に定める特殊健康診断	×	○（5年）	○（5年）
緊急診断	○	○	○

*エチルベンゼン塗装業務，1,2－ジクロロプロパン洗浄・払拭業務，ジクロロメタン洗浄・払拭業務のみ対象

※（　）内の数字は記録の保存期間

表7－6　特別有機溶剤の掲示

掲示（特化則第38条の3，特化則第38条の8（有機則第24条）） 区分表示（特化則第38条の8（有機則第25条））	A	B
特別有機溶剤についての掲示 ・名称　・特別有機溶剤により生ずるおそれのある疾病の種類およびその症状 ・取扱い上の注意事項　・使用するべき保護具	○	－
有機溶剤についての掲示 ・特別有機溶剤により生ずるおそれのある疾病の種類およびその症状 ・取扱い上の注意事項　・中毒が発生した時の応急措置　・使用すべき呼吸用保護具	○	○
有機溶剤等の区分表示（色分け等の方法）	○	○

資　料

表１　特定化学物質のうち，日本産業衛生学会による職業性発がん物質分類，感作性物質，生殖毒性物質およびがん原性指針，変異原性指針の対象物質一覧

化学物質名	特化則区分	産衛発がん性	産衛感作性		産衛生殖毒性	がん原性物質	変異原性物質
			気道	皮膚			
ビス（クロロメチル）エーテル	禁止	第１群					
ジクロロベンジジン及びその塩	第一類	第2群B[注1]					
o-トリジン	第一類	第２群Ｂ					
ベリリウム及びその化合物	第一類	第１群	第１群	第２群			
ベンゾトリクロリド	第一類	第１群					
ポリ塩素化ビフェニル（PCB）	第一類	第１群			第１群		
アクリルアミド	第二類	第２群Ａ		第２群	第２群		○
アクリロニトリル	第二類	第２群Ａ					○
インジウム化合物（無機，難溶性）	第二類	第２群Ａ					
エチルベンゼン	第二類	第２群Ｂ			第２群	○	
エチレンイミン	第二類	第２群Ｂ			第３群		
エチレンオキシド	第二類	第１群		第２群	第１群		
o-トルイジン	第二類	第１群					
塩化ビニル	第二類	第１群					
カドミウム及びその化合物	第二類	第１群			第１群		
クロム酸及びその塩	第二類	第１群[注2]			第3群[注3]		
クロロホルム	第二類	第２群Ｂ				○	
クロロメチルメチルエーテル	第二類	第２群Ａ（工業用）					
五酸化バナジウム	第二類	第１群Ｂ					
コバルト及びその無機化合物	第二類	第２群Ｂ	第1群[注4]	第1群[注4]			
コールタール	第二類	第１群					
酸化プロピレン	第二類						○
三酸化二アンチモン	第二類	第２群Ｂ					
四塩化炭素	第二類	第２群Ｂ				○	
1,4-ジオキサン	第二類	第２群Ｂ				○	
1,2-ジクロロエタン	第二類	第２群Ｂ				○	
MBOCA[注5]	第二類	第２群Ａ					

化学物質名	特化則区分	産衛発がん性	産衛感作性		産衛生殖毒性	がん原性物質	変異原性物質
			気道	皮膚			
1,2-ジクロロプロパン	第二類	第1群		2		○	
ジクロロメタン	第二類	第2群A				○	
DDVP[注6]	第二類	第2群B				○	
1,1-ジメチルヒドラジン	第二類	第2群B					○
水銀及びその無機化合物	第二類				第2群[注7]		
スチレン	第二類	第2群A			第2群	○	
1,1,2,2-テトラクロロエタン	第二類	第2群B				○	
テトラクロロエチレン	第二類	第2群B			第3群	○	
トリクロロエチレン	第二類	第1群		第1群	第3群	○	
トリレンジイソシアネート類	第二類	第2群B	第1群	第2群			
ナフタレン	第二類	第2群B					○
ニッケル化合物	第二類	第1群[注8] 第2群B[注9]			第3群[注10]		
p-ニトロクロロベンゼン	第二類					○	
ヒ素及びその化合物	第二類	第1群[注11]			第1群		
β-プロピオラクトン	第二類	第2群B					
ベンゼン	第二類	第1群					
ペンタクロロフェノール	第二類				第2群		
ホルムアルデヒド	第二類	第2群A	第2群	第1群			
マゼンタ	第二類	第2群B[注12]					
マンガン及びその化合物	第二類				第2群		
メチルイソブチルケトン	第二類	第2群B				○	
沃化メチル	第二類						○
硫酸ジメチル	第二類	第2群A					○
一酸化炭素	第三類				第1群		

(注1) 3,3'-ジクロロベンジジンとして
(注2) クロム化合物（6価）として
(注3) クロム及びクロム化合物として
(注4) コバルトとして
(注5) 3,3'-ジクロロ-4,4'-ジアミノジフェニルメタン
(注6) ジメチル-2,2-ジクロロビニルホスフェイト
(注7) 水銀蒸気を含む無機水銀として
(注8) 製錬粉じんとして
(注9) ニッケルカルボニル、製錬粉じんを除く
(注10) ニッケル及びニッケル化合物として
(注11) ヒ素及び無機ヒ素化合物として
(注12) CIベイシックレッド9含有製品として

表2　JIS Z 7253：2019による危険有害性クラス，危険有害性区分，ラベル要素

	危険有害性クラス	危険有害性区分	ラベル要素（例）	
			注意喚起語	絵表示
物理化学的危険性	爆発物	不安定爆発物 等級 1.1 ～ 1.3	危険	
		等級 1.4	警告	
		等級 1.5	危険	絵表示なし
		等級 1.6	喚起語なし	
	可燃性ガス	1 可燃性ガス 自然発火性ガス	危険	
		1A 化学的に不安定なガス 2 可燃性ガス	喚起語なし	追加的絵表示なし
		2	警告	絵表示なし
	エアゾール	1	危険	
		2	警告	
		3	警告	絵表示なし
	酸化性ガス	1	危険	
	高圧ガス	圧縮ガス，液化ガス， 深冷液化ガス，溶解ガス	警告	
	引火性液体	1，2	危険	
		3	警告	
		4	警告	絵表示なし
	可燃性固体	1	危険	
		2	警告	
	自己反応性化学品	タイプ A	危険	

	危険有害性クラス	危険有害性区分	ラベル要素（例）	
			注意喚起語	絵表示
	自己反応性化学品	タイプＢ	危険	 
		タイプＣ，Ｄ	危険	
		タイプＥ，Ｆ	警告	
		タイプＧ	喚起語なし	ラベル要素の指定なし
	自然発火性液体	1	危険	
	自然発火性固体	1	危険	
	自己発熱性化学品	1	危険	
		2	警告	
	水反応可燃性化学品	1，2	危険	
		3	警告	
	酸化性液体	1，2	危険	
		3	警告	
	酸化性固体	1，2	危険	
		3	警告	
	有機過酸化物	タイプＡ	危険	
		タイプＢ	危険	 

	危険有害性クラス	危険有害性区分	ラベル要素（例）	
			注意喚起語	絵表示
物理化学的危険性	有機過酸化物	タイプC，D	危険	
		タイプE，F	警告	
		タイプG	喚起語なし	ラベル要素の指定なし
	金属腐食性化学品	1	警告	
	鈍性化爆発物	1，2	危険	
		3，4	警告	
健康有害性	急性毒性（経口）	1～3	危険	
		4	警告	
	急性毒性（経皮）	1～3	危険	
		4	警告	
	急性毒性（吸入）	1～3	危険	
		4	警告	
	皮膚腐食性／刺激性	1（1A，1B，1Cを含む）	危険	
		2	警告	

	危険有害性クラス	危険有害性区分	ラベル要素（例）	
			注意喚起語	絵　表　示
健康および環境有害性	眼に対する重篤な損傷性／眼刺激性	1	危険	
		2/2A	警告	
		2B	警告	絵表示なし
	呼吸器感作性	1（1A，1B）	危険	
	皮膚感作性	1（1A，1B）	警告	
	生殖細胞変異原性	1（1A，1B）	危険	
		2	警告	
	発がん性	1（1A，1B）	危険	
		2	警告	
	生殖毒性	1（1A，1B）	危険	
		2	警告	
		授乳に対する又は授乳を介した影響	喚起語なし	絵表示なし
	特定標的臓器毒性（単回ばく露）	1	危険	
		2	警告	
		3	警告	
	特定標的臓器毒性（反復ばく露）	1	危険	
		2	警告	
	誤えん有害性	1	危険	

	危険有害性クラス	危険有害性区分	ラベル要素（例）	
			注意喚起語	絵表示
環境有害性	水生環境有害性短期（急性）	1	警告	
		2，3	喚起語なし	絵表示なし
	水生環境有害性長期（慢性）	1	警告	
		2	喚起語なし	
		3，4	喚起語なし	絵表示なし
	オゾン層への有害性	1	警告	

表３　特定化学物質と労働衛生保護具

特定化学物質		呼吸用保護具			労働衛生保護衣	保護めがね
		防じんマスク, P-PAPR	防毒マスク G-PAPR	送気マスク		
第一類物質	1　ジクロルベンジジン塩	○		○	○（手袋）	○
	2　アルファ-ナフチルアミン塩	○	△（有機ガス用）	○	○	○
	3　塩素化ビフエニル	○	△（有機ガス用）	○	○（手袋）	○
	4　オルト-トリジン塩	○		○	○（手袋）	○
	5　ジアニシジン塩	○		○	○	○
	6　ベリリウムおよびその化合物	○		○	○（手袋）	○
	7　ベンゾトリクロリド		○（有機ガス用）	○	○（手袋）	○
第二類物質	1　アクリルアミド	△	△（有機ガス用）	○	○（手袋）	○
	2　アクリロニトリル		○（有機ガス用）	○	○（手袋）	○
	3　アルキル水銀化合物	△	○（水銀用）	○	○（手袋）	○
	3の2　インジウム化合物	平成24年厚生労働省告示第57号による		○	○	
	3の3　エチルベンゼン		○（有機ガス用）	○	○	○
	4　エチレンイミン		○（有機ガス用）	○	○（手袋）	○
	5　エチレンオキシド		○（エチレンオキシド用）	○	○（手袋）	○
	6　塩化ビニル		○（有機ガス用）	○	○	○
	7　塩素		○（ハロゲンガス用）	○	○	○
	8　オーラミン	○		○	○	○
	8の2　オルト-トルイジン		○（有機ガス用）	○	○（手袋）	○
	9　オルト－フタロジニトリル		○（有機ガス用）	○	○（手袋）	○
	10　カドミウム化合物	○		○	○（手袋）	○
	11　クロム酸	○		○	○（手袋）	○
	11の2　クロロホルム		○（有機ガス用）	○	○（手袋）	○
	12　クロロメチルメチルエーテル			○	○	○
	13　五酸化バナジウム	○		○	○（手袋）	○
	13の2　コバルト及びその化合物	○		○	○（手袋）	○
	14　コールタール	○	△（有機ガス用）	○	○（手袋）	○
	15　酸化プロピレン		△（有機ガス用）	○	○	○
	15の2　三酸化二アンチモン	○		○	○	
	16　シアン化カリウム	○	△（シアン化水素用）	○	○（手袋）	○
	17　シアン化水素		○（シアン化水素用）	○	○（手袋）	○
	18　シアン化ナトリウム	○	△（シアン化水素用）	○	○（手袋）	○
	18の2　四塩化炭素		○（有機ガス用）	○	○（手袋）	○
	18の3　1･4-ジオキサン		○（有機ガス用）	○	○（手袋）	○
	18の4　1･2-ジクロロエタン		○（有機ガス用）	○	○	○
	19　3･3'-ジクロロ-4･4'-ジアミノジフェニルメタン	○		○	○（手袋）	○
	19の2　1･2-ジクロロプロパン		○（有機ガス用）	○	○	○
	19の3　ジクロロメタン		○（有機ガス用）	○	○（手袋）	○
	19の4　ジメチル-2･2-ジクロロビニルホスフェイト	○	○（有機ガス用）	○	○（手袋）	○
	19の5　1･1-ジメチルヒドラジン		△（アンモニア用）	○	○（手袋）	○
	20　臭化メチル		○（臭化メチル用）	○	○	

特定化学物質		呼吸用保護具			労働衛生保護衣	保護めがね
		防じんマスク, P-PAPR	防毒マスク G-PAPR	送気マスク		
	燻蒸作業		○（臭化メチル用, 隔離式）	○	○	
	21　重クロム酸	○		○	○（手袋）	○
	22　水銀および無機化合物		○（水銀用）	○	○（手袋）	○
	22の2　スチレン		○（有機ガス用）	○	○（手袋）	○
	22の3　1·1·2·2-テトラクロロエタン		○（有機ガス用）	○	○（手袋）	○
	22の4　テトラクロロエチレン		○（有機ガス用）	○	○（手袋）	○
	22の5　トリクロロエチレン		○（有機ガス用）	○	○	○
	23　トリレンジイソシアネート	○	○（有機ガス用）	○	○（手袋）	○
	23の2　ナフタレン		○（有機ガス用）	○	○（手袋）	○
	23の3　ニッケル化合物	○		○	○	○
	24　ニッケルカルボニル			○	○	○
	25　ニトログリコール		○（有機ガス用）	○	○（手袋）	○
	26　パラ-ジメチルアミノアゾベンゼン	○		○	○	○
	27　パラ-ニトロクロロベンゼン	○	○（有機ガス用）	○	○（手袋）	○
	27の2　砒素及びその化合物	○		○	○	○
	28　弗化水素		○（酸性ガス用）	○	○（手袋）	○
	29　ベーター-プロピオラクトン		○（有機ガス用）	○	○	○
	30　ベンゼン		○（有機ガス用）	○	○（手袋）	○
	31　ペンタクロルフェノール	○		○	○（手袋）	○
	31の2　ホルムアルデヒド		○（ホルムアルデヒド用）	○	○	○
	32　マゼンタ	○		○	○	○
	33　マンガンおよびその化合物	○		○	○（手袋）	○
	33の2　メチルイソブチルケトン		○（有機ガス用）	○	○	○
	34　沃化メチル		○（沃化メチル用）	○	○（手袋）	○
	34の2　溶接ヒューム	○		○		○
	34の3　リフラクトリーセラミックファイバー	○		○	○	
	35　硫化水素		○（硫化水素用）	○		○
	36　硫酸ジメチル		○（有機ガス用）	○	○（手袋）	○
第三類物質	1　アンモニア		○（アンモニア用）	○	○（手袋）	○
	2　一酸化炭素		○（一酸化炭素用）	○		
	3　塩化水素		○（酸性ガス用）	○	○	○
	4　硝酸		○（酸性ガス用）	○	○	○
	5　二酸化硫黄		○（亜硫酸ガス用）	○	○	○
	6　フェノール		○（有機ガス用）	○	○（手袋）	○
	7　ホスゲン		○（ハロゲンガス用）	○	○	○
	8　硫酸	○	○（酸性ガス用）	○	○（手袋）	○
その他	アクロレイン		○（有機ガス用）	○	○（手袋）	○
	硫化ナトリウム	○	△（硫化水素用）	○	○	○
	1·3-ブタジエン		○（有機ガス用）	○	○	○
	1·4-ジクロロ-2-ブテン		△（有機ガス用）	○	○	○
	硫酸ジエチル		○（有機ガス用）	○	○	○
	1·3-プロパンスルトン		○（有機ガス用）	○	○	○

表４　労働衛生保護手袋等の素材の耐薬品，耐油，耐溶剤性

素　　材	適　　応	不適合性
天然ゴム	有機酸に対応 耐酸性	油脂に溶ける
塩化ビニル	耐酸性 耐アルカリ性 耐油性	有機酸類に不適 60℃以上に不適
ネオプレン	汎用の耐薬品性 耐酸性 耐アルカリ性 耐油性は灯油程度 耐熱，耐摩耗性，耐オゾン性	有機溶剤に不適 低温で少し硬化 若干高価
ハイパロン	耐酸性が強い(強酸に有効)	有機溶剤，有機酸，油脂等に不適
ニトリルゴム	耐油性に優れる。耐摩耗性 稀酸類，稀アルカリ類に耐える	有機溶剤，有機酸に不適
ポリビニルアルコール	耐溶剤性に優れている ウレタンにほぼ同じ	水に溶ける
ウレタンゴム	耐油性，耐溶剤性に優れている 耐摩耗性，引き裂きに強い 60℃でも固くならない	酸，アルカリに弱い DMF, THF, シクロヘキサンに溶ける。
シリコンゴム	DMF, シクロヘキサノン, アルコール類に強い。 対アルコール性 素材は無害 耐熱性あり	有機酸, 油脂に弱い。 耐酸性はウレタンゴムより劣る
フッ素ゴム	有機溶剤，塩素系，芳香族系溶剤に強い。耐熱性がある。 耐ガスの透過抵抗が大きい。	ケトル類, エステル類は弱い。高価
ブチルゴム	エステル類，ケトン類，弗(ふっ)酸，無機酸，アルカリに優れている。 耐ガスの透過抵抗が大きい。	芳香族には不適 高価
ポリエチレン	熱溶着使い捨て手袋で広範囲の使用。	熱に弱い。 溶着部が破れやすい。

防じんマスク，防毒マスク及び電動ファン付き呼吸用保護具の選択，使用等について

（令和５年５月25日付け基発0525第３号）

標記について，これまで防じんマスク，防毒マスク等の呼吸用保護具を使用する労働者の健康障害を防止するため，「防じんマスクの選択，使用等について」（平成17年２月７日付け基発第0207006号。以下「防じんマスク通達」という。）及び「防毒マスクの選択，使用等について」（平成17年２月７日付け基発第0207007号。以下「防毒マスク通達」という。）により，その適切な選択，使用，保守管理等に当たって留意すべき事項を示してきたところである。

今般，労働安全衛生規則等の一部を改正する省令（令和４年厚生労働省令第91号。以下「改正省令」という。）等により，新たな化学物質管理が導入されたことに伴い，呼吸用保護具の選択，使用等に当たっての留意事項を下記のとおり定めたので，関係事業場に対して周知を図るとともに，事業場の指導に当たって遺漏なきを期されたい。

なお，防じんマスク通達及び防毒マスク通達は，本通達をもって廃止する。

記

第１　共通事項

１　趣旨等

改正省令による改正後の労働安全衛生規則(昭和47年労働省令第32号。以下「安衛則」という。）第577条の２第１項において，事業者に対し，リスクアセスメントの結果等に基づき，代替物の使用，発散源を密閉する設備，局所排気装置又は全体換気装置の設置及び稼働，作業の方法の改善，有効な呼吸用保護具を使用させること等必要な措置を講ずることにより，リスクアセスメント対象物に労働者がばく露される程度を最小限度にすることが義務付けられた。さらに，同条第２項において，厚生労働大臣が定めるものを製造し，又は取り扱う業務を行う屋内作業場においては，労働者がこれらの物にばく露される程度を，厚生労働大臣が定める濃度の基準（以下「濃度基準値」という。）以下とすることが事業者に義務付けられた。

これらを踏まえ，化学物質による健康障害防止のための濃度の基準の適用等に関する技術上の指針（令和５年４月27日付け技術上の指針第24号。以下「技術上の指針」という。）が定められ，化学物質等による危険性又は有害性等の調査等に関する指針（平成27年９月18日付け危険性又は有害性等の調査等に関する指針公示第３号。以下「化学物質リスクアセスメント指針」という。）と相まって，リスクアセスメント及びその結果に基づく必要な措置のために実施すべき事項が規定されている。

本指針は，化学物質リスクアセスメント指針及び技術上の指針で定めるリスク低減措置として呼吸用保護具を使用する場合に，その適切な選択，使用，保守管理等に当たって留意すべき事項を示したものである。

２　基本的考え方

(1)　事業者は，化学物質リスクアセスメント指針に規定されているように，危険性又は有害性の低い物質への代替，工学的対策，管理的対策，有効な保護具の使用という優先順位に従い，対策を検討し，労働者のばく露の程度を濃度基準値以下とすることを含めたリスク低減措置を実施すること。その際，保護具については，適切に選択され，使用されなければ効果を発揮しないことを踏まえ，本質安全化，工学的対策等の信頼性と比較し，最も低い優先順位が設定されていることに留意

すること。

(2) 事業者は，労働者の呼吸域における物質の濃度が，保護具の使用を除くリスク低減措置を講じてもなお，当該物質の濃度基準値を超えること等，リスクが高い場合，有効な呼吸用保護具を選択し，労働者に適切に使用させること。その際，事業者は，呼吸用保護具の選択及び使用が適切に実施されなければ，所期の性能が発揮されないことに留意し，呼吸用保護具が適切に選択及び使用されているかの確認を行うこと。

3　管理体制等

(1) 事業者は，リスクアセスメントの結果に基づく措置として，労働者に呼吸用保護具を使用させるときは，保護具に関して必要な教育を受けた保護具着用管理責任者（安衛則第12条の6第1項に規定する保護具着用管理責任者をいう。以下同じ。）を選任し，次に掲げる事項を管理させなければならないこと。

ア　呼吸用保護具の適正な選択に関すること

イ　労働者の呼吸用保護具の適正な使用に関すること

ウ　呼吸用保護具の保守管理に関すること

エ　改正省令による改正後の特定化学物質障害予防規則（昭和47年労働省令第39号。以下「特化則」という。）第36条の3の2第4項等で規定する第三管理区分に区分された場所（以下「第三管理区分場所」という。）における，同項第1号及び第2号並びに同条第5項第1号から第3号までに掲げる措置のうち，呼吸用保護具に関すること

オ　第三管理区分場所における特定化学物質作業主任者の職務（呼吸用保護具に関する事項に限る。）について必要な指導を行うこと

(2) 事業者は，化学物質管理者の管理の下，保護具着用管理責任者に，呼吸用保護具を着用する労働者に対して，作業環境中の有害物質の種類，発散状況，濃度，作業時のばく露の危険性の程度等について教育を行わせること。また，事業者は，保護具着用管理責任者に，各労働者が着用する呼吸用保護具の取扱説明書，ガイドブック，パンフレット等（以下「取扱説明書等」という。）に基づき，適正な装着方法，使用方法及び顔面と面体の密着性の確認方法について十分な教育や訓練を行わせること。

(3) 事業者は，保護具着用管理責任者に，安衛則第577条の2第11項に基づく有害物質のばく露の状況の記録を把握させ，ばく露の状況を踏まえた呼吸用保護具の適正な保守管理を行わせること。

4　呼吸用保護具の選択

(1) 呼吸用保護具の種類の選択

ア　事業者は，あらかじめ作業場所に酸素欠乏のおそれがないことを労働者等に確認させること。酸素欠乏又はそのおそれがある場所及び有害物質の濃度が不明な場所ではろ過式呼吸用保護具を使用させてはならないこと。酸素欠乏のおそれがある場所では，日本産業規格T 8150「呼吸用保護具の選択，使用及び保守管理方法」（以下「JIS T 8150」という。）を参照し，指定防護係数が1000以上の全面形面体を有する，別表2及び別表3に記載している循環式呼吸器，空気呼吸器，エアラインマスク及びホースマスク（以下「給気式呼吸用保護具」という。）の中から有効なものを選択すること。

イ　防じんマスク及び防じん機能を有する電動ファン付き呼吸用保護具（以下「P-PAPR」という。）は，酸素濃度18%以上の場所であっても，有害

なガス及び蒸気（以下「有毒ガス等」という。）が存在する場所においては使用しないこと。このような場所では，防毒マスク，防毒機能を有する電動ファン付き呼吸用保護具（以下「G-PAPR」という。）又は給気式呼吸用保護具を使用すること。粉じん作業であっても，他の作業の影響等によって有毒ガス等が流入するような場合には，改めて作業場の作業環境の評価を行い，適切な防じん機能を有する防毒マスク，防じん機能を有するG-PAPR又は給気式呼吸用保護具を使用すること。

ウ　安衛則第280条第1項において，引火性の物の蒸気又は可燃性ガスが爆発の危険のある濃度に達するおそれのある箇所において電気機械器具(電動機，変圧器，コード接続器，開閉器，分電盤，配電盤等電気を通ずる機械，器具その他の設備のうち配線及び移動電線以外のものをいう。以下同じ。）を使用するときは，当該蒸気又はガスに対しその種類及び爆発の危険のある濃度に達するおそれに応じた防爆性能を有する防爆構造電気機械器具でなければ使用してはならない旨規定されており，非防爆タイプの電動ファン付き呼吸用保護具を使用してはならないこと。また，引火性の物には，常温以下でも危険となる物があることに留意すること。

エ　安衛則第281条第1項又は第282条第1項において，それぞれ可燃性の粉じん（マグネシウム粉，アルミニウム粉等爆燃性の粉じんを除く。）又は爆燃性の粉じんが存在して爆発の危険のある濃度に達するおそれのある箇所及び爆発の危険のある場所で電気機械器具を使用するときは，当該粉じんに対し防爆性能を有する防爆構造電気機械器具でなければ使用してはならない旨規定されており，非防爆タイプの電動ファン付き呼吸用保護具を使用してはならないこと。

(2)　要求防護係数を上回る指定防護係数を有する呼吸用保護具の選択

ア　金属アーク等溶接作業を行う事業場においては，「金属アーク溶接等作業を継続して行う屋内作業場に係る溶接ヒュームの濃度の測定の方法等」（令和2年厚生労働省告示第286号。以下「アーク溶接告示」という。）で定める方法により，第三管理区分場所においては，「第三管理区分に区分された場所に係る有機溶剤等の濃度の測定の方法等」（令和4年厚生労働省告示第341号。以下「第三管理区分場所告示」という。）に定める方法により濃度の測定を行い，その結果に基づき算出された要求防護係数を上回る指定防護係数を有する呼吸用保護具を使用しなければならないこと。

イ　濃度基準値が設定されている物質については，技術上の指針の3から6に示した方法により測定した当該物質の濃度を用い，技術上の指針の7－3に定める方法により算出された要求防護係数を上回る指定防護係数を有する呼吸用保護具を選択すること。

ウ　濃度基準値又は管理濃度が設定されていない物質で，化学物質の評価機関によりばく露限界の設定がなされている物質については，原則として，技術上の指針の2－1(3)及び2－2に定めるリスクアセスメントのための測定を行い，技術上の指針の5－1(2)アで定める八時間時間加重平均値を八時間時間加重平均のばく露限界（TWA）と比較し，技術上の指針の5－1(2)イで定める十五分間時間加重平均値を短時間ばく露限界値（STEL）と比較し，別紙1の計算式によって要求防護係数を求めること。

さらに，求めた要求防護係数と別表1から別表3までに記載された指定防護係数を比較し，要求防護係数より大きな値の指定防護係数を有する呼吸用保護具を選択すること。

エ　有害物質の濃度基準値やばく露限界に関する情報がない場合は，化学物質管理者，化学物質管理専門家をはじめ，労働衛生に関する専門家に相談し，適切な指定防護係数を有する呼吸用保護具を選択すること。

⑶　法令に保護具の種類が規定されている場合の留意事項

安衛則第592条の5，有機溶剤中毒予防規則（昭和47年労働省令第36号。以下「有機則」という。）第33条，鉛中毒予防規則（昭和47年労働省令第37号。以下「鉛則」という。）第58条，四アルキル鉛中毒予防規則（昭和47年労働省令第38号。以下「四アルキル鉛則」という。）第4条，特化則第38条の13及び第43条，電離放射線障害防止規則（昭和47年労働省令第41号。以下「電離則」という。）第38条並びに粉じん障害防止規則（昭和54年労働省令第18号。以下「粉じん則」という。）第27条のほか労働安全衛生法令に定める防じんマスク，防毒マスク，P-PAPR又はG-PAPRについては，法令に定める有効な性能を有するものを労働者に使用させなければならないこと。なお，法令上，呼吸用保護具のろ過材の種類等が指定されているものについては，別表5を参照すること。

なお，別表5中の金属のヒューム（溶接ヒュームを含む。）及び鉛については，化学物質としての有害性に着目した基準値により要求防護係数が算出されることとなるが，これら物質については，粉じんとしての有害性も配慮すべきことから，算出された要求防護係数の値にかかわらず，ろ過材の種類をRS2，RL2，DS2，DL2以上のものとしている趣旨であること。

⑷　呼吸用保護具の選択に当たって留意すべき事項

ア　事業者は，有害物質を直接取り扱う作業者について，作業環境中の有害物質の種類，作業内容，有害物質の発散状況，作業時のばく露の危険性の程度等を考慮した上で，必要に応じ呼吸用保護具を選択，使用等させること。

イ　事業者は，防護性能に関係する事項以外の要素（着用者，作業，作業強度，環境等）についても考慮して呼吸用保護具を選択させること。なお，呼吸用保護具を着用しての作業は，通常より身体に負荷がかかることから，着用者によっては，呼吸用保護具着用による心肺機能への影響，閉所恐怖症，面体との接触による皮膚炎，腰痛等の筋骨格系障害等を生ずる可能性がないか，産業医等に確認すること。

ウ　事業者は，保護具着用管理責任者に，呼吸用保護具の選択に際して，目の保護が必要な場合は，全面形面体又はルーズフィット形呼吸用インタフェースの使用が望ましいことに留意させること。

エ　事業者は，保護具着用管理責任者に，作業において，事前の計画どおりの呼吸用保護具が使用されているか，着用方法が適切か等について確認させること。

オ　作業者は，事業者，保護具着用管理責任者等から呼吸用保護具着用の指示が出たら，それに従うこと。また，作業中に臭気，息苦しさ等の異常を感じたら，速やかに作業を中止し避難するとともに，状況を保護具着用管理責任者等に報告すること。

5　呼吸用保護具の適切な装着

(1)　フィットテストの実施

金属アーク溶接等作業を行う作業場所においては，アーク溶接告示で定める方法により，第三管理区分場所においては，第三管理区分場所告示に定める方法により，1年以内ごとに1回，定期に，フィットテストを実施しなければならないこと。

上記以外の事業場であって，リスクアセスメントに基づくリスク低減措置として呼吸用保護具を労働者に使用させる事業場においては，技術上の指針の7－4及び次に定めるところにより，1年以内ごとに1回，フィットテストを行うこと。

ア　呼吸用保護具（面体を有するものに限る。）を使用する労働者について，JIS T 8150に定める方法又はこれと同等の方法により当該労働者の顔面と当該呼吸用保護具の面体との密着の程度を示す係数（以下「フィットファクタ」という。）を求め，当該フィットファクタが要求フィットファクタを上回っていることを確認する方法とすること。

イ　フィットファクタは，別紙2により計算するものとすること。

ウ　要求フィットファクタは，別表4に定めるところによること。

(2)　フィットテストの実施に当たっての留意事項

ア　フィットテストは，労働者によって使用される面体がその労働者の顔に密着するものであるか否かを評価する検査であり，労働者の顔に合った面体を選択するための方法（手順は，JIS T 8150を参照。）である。なお，顔との密着性を要求しないルーズフィット形呼吸用インタフェースは対象外である。面体を有する呼吸用保護具は，面体が労働者の顔に密着した状態を維持することによって初めて呼吸用保護具本来の性能が得られることから，フィットテストにより適切な面体を有する呼吸用保護具を選択することは重要であること。

イ　面体を有する呼吸用保護具については，着用する労働者の顔面と面体とが適切に密着していなければ，呼吸用保護具としての本来の性能が得られないこと。特に，着用者の吸気時に面体内圧が陰圧（すなわち，大気圧より低い状態）になる防じんマスク及び防毒マスクは，着用する労働者の顔面と面体とが適切に密着していない場合は，粉じんや有毒ガス等が面体の接顔部から面体内へ漏れ込むことになる。また，通常の着用状態であれば面体内圧が常に陽圧（すなわち，大気圧より高い状態）になる面体形の電動ファン付き呼吸用保護具であっても，着用する労働者の顔面と面体とが適切に密着していない場合は，多量の空気を使用することになり，連続稼働時間が短くなり，場合によっては本来の防護性能が得られない場合もある。

ウ　面体については，フィットテストによって，着用する労働者の顔面に合った形状及び寸法の接顔部を有するものを選択及び使用し，面体を着用した直後には，(3)に示す方法又はこれと同等以上の方法によってシールチェック（面体を有する呼吸用保護具を着用した労働者自身が呼吸用保護具の装着状態の密着性を調べる方法。以下同じ。）を行い，各着用者が顔面と面体とが適切に密着しているかを確認すること。

エ　着用者の顔面と面体とを適正に密着させるためには，着用時の面体の位置，しめひもの位置及び締め方等を適切にさせることが必要であり，特にしめひもについては，耳にかけることなく，後頭部において固定させることが必要であり，加えて，次の①，②，③のような着用を行わせないことに留意すること。

① 面体と顔の間にタオル等を挟んで使用すること。

② 着用者のひげ，もみあげ，前髪等が面体の接顔部と顔面の間に入り込む，排気弁の作動を妨害する等の状態で使用すること。

③ ヘルメットの上からしめひもを使用すること。

オ　フィットテストは，定期に実施するほか，面体を有する呼吸用保護具を選択するとき又は面体の密着性に影響すると思われる顔の変形（例えば，顔の手術などで皮膚にくぼみができる等）があったときに，実施することが望ましいこと。

カ　フィットテストは，個々の労働者と当該労働者が使用する面体又はこの面体と少なくとも接顔部の形状，サイズ及び材質が同じ面体との組合せで行うこと。合格した場合は，フィットテストと同じ型式，かつ，同じ寸法の面体を労働者に使用させ，不合格だった場合は，同じ型式であって寸法が異なる面体若しくは異なる型式の面体を選択すること又はルーズフィット形呼吸用インタフェースを有する呼吸用保護具を使用すること等について検討する必要があること。

(3) シールチェックの実施

シールチェックは，ろ過式呼吸用保護具（電動ファン付き呼吸用保護具については，面体形のみ）の取扱説明書に記載されている内容に従って行うこと。シールチェックの主な方法には，陰圧法と陽圧法があり，それぞれ次のとおりであること。なお，ア及びイに記載した方法とは別に，作業場等に備え付けた簡易機器等によって，簡易に密着性を確認する方法（例えば，大気じんを利用する機器，面体内圧の変動を調べる機器等）がある。

ア　陰圧法によるシールチェック

面体を顔面に押しつけないように，フィットチェッカー等を用いて吸気口をふさぐ（連結管を有する場合は，連結管の吸気口をふさぐ又は連結管を握って閉塞させる）。息をゆっくり吸って，面体の顔面部と顔面との間から空気が面体内に流入せず，面体が顔面に吸いつけられることを確認する。

イ　陽圧法によるシールチェック

面体を顔面に押しつけないように，フィットチェッカー等を用いて排気口をふさぐ。息を吐いて，空気が面体内から流出せず，面体内に呼気が滞留することによって面体が膨張することを確認する。

6　電動ファン付き呼吸用保護具の故障時等の措置

(1) 電動ファン付き呼吸用保護具に付属する警報装置が警報を発したら，速やかに安全な場所に移動すること。警報装置には，ろ過材の目詰まり，電池の消耗等による風量低下を警報するもの，電池の電圧低下を警報するもの，面体形のものにあっては，面体内圧が陰圧に近づいていること又は達したことを警報するもの等があること。警報装置が警報を発した場合は，新しいろ過材若しくは吸収缶又は充電された電池との交換を行うこと。

(2) 電動ファン付き呼吸用保護具が故障し，電動ファンが停止した場合は，速やかに退避すること。

第2　防じんマスク及びP-PAPRの選択及び使用に当たっての留意事項

1　防じんマスク及びP-PAPRの選択

(1)　防じんマスク及びP-PAPRは，機械等検定規則(昭和47年労働省令第45号。以下「検定則」という。）第14条の規定に基づき付されている型式検定合格標章により，型式検定合格品であることを確認すること。なお，吸気補助具付き防じんマスクについては，検定則に定める型式検定合格標章に「補」が記載されている。

また,吸気補助具が分離できるもの等，2箇所に型式検定合格標章が付されている場合は，型式検定合格番号が同一となる組合せが適切な組合せであり，当該組合せで使用して初めて型式検定に合格した防じんマスクとして有効に機能するものであること。

(2)　安衛則第592条の5，鉛則第58条，特化則第43条，電離則第38条及び粉じん則第27条のほか労働安全衛生法令に定める呼吸用保護具のうちP-PAPRについては，粉じん等の種類及び作業内容に応じ，令和5年厚生労働省告示第88号による改正後の電動ファン付き呼吸用保護具の規格（平成26年厚生労働省告示第455号。以下「改正規格」という。）第2条第4項及び第5項のいずれかの区分に該当するものを使用すること。

(3)　防じんマスクを選択する際は，次の事項について留意の上，防じんマスクの性能等が記載されている取扱説明書等を参考に，それぞれの作業に適した防じんマスクを選択するすること。

ア　粉じん等の有害性が高い場合又は高濃度ばく露のおそれがある場合は，できるだけ粒子捕集効率が高いものであること。

イ　粉じん等とオイルミストが混在する場合には，区分がLタイプ（RL3，RL2，RL1，DL3，DL2及びDL1）の防じんマスクであること。

ウ　作業内容，作業強度等を考慮し，防じんマスクの重量，吸気抵抗，排気抵抗等が当該作業に適したものであること。特に，作業強度が高い場合にあっては，P-PAPR，送気マスク等，吸気抵抗及び排気抵抗の問題がない形式の呼吸用保護具の使用を検討すること。

(4)　P-PAPRを選択する際は，次の事項について留意の上，P-PAPRの性能が記載されている取扱説明書等を参考に，それぞれの作業に適したP-PAPRを選択すること。

ア　粉じん等の種類及び作業内容の区分並びにオイルミスト等の混在の有無の区分のうち，複数の性能のP-PAPRを使用することが可能（別表5参照）であっても，作業環境中の粉じん等の種類，作業内容，粉じん等の発散状況，作業時のばく露の危険性の程度等を考慮した上で，適切なものを選択すること。

イ　粉じん等とオイルミストが混在する場合には，区分がLタイプ（PL3，PL2及びPL1）のろ過材を選択すること。

ウ　着用者の作業中の呼吸量に留意して，「大風量形」又は「通常風量形」を選択すること。

エ　粉じん等に対して有効な防護性能を有するものの範囲で，作業内容を考慮して，呼吸用インタフェース（全面形面体，半面形面体，フード又はフェイスシールド）について適するものを選択すること。

2　防じんマスク及びP-PAPRの使用

⑴　ろ過材の交換時期については，次の事項に留意すること。

ア　ろ過材を有効に使用できる時間は，作業環境中の粉じん等の種類，粒径，発散状況，濃度等の影響を受けるため，これらの要因を考慮して設定する必要があること。なお，吸気抵抗上昇値が高いものほど目詰まりが早く，短時間で息苦しくなる場合があるので，作業時間を考慮すること。

イ　防じんマスク又はP-PAPRの使用中に息苦しさを感じた場合には，ろ過材を交換すること。オイルミストを捕集した場合は，固体粒子の場合とは異なり，ほとんど吸気抵抗上昇がない。ろ過材の種類によっては，多量のオイルミストを捕集すると，粒子捕集効率が低下するものもあるので，製造者の情報に基づいてろ過材の交換時期を設定すること。

ウ　砒（ひ）素，クロム等の有害性が高い粉じん等に対して使用したろ過材は，1回使用するごとに廃棄すること。また，石綿，インジウム等を取り扱う作業で使用したろ過材は，そのまま作業場から持ち出すことが禁止されているので，1回使用するごとに廃棄すること。

エ　使い捨て式防じんマスクにあっては，当該マスクに表示されている使用限度時間に達する前であっても，息苦しさを感じる場合，又は著しい型くずれを生じた場合には，これを廃棄し，新しいものと交換すること。

⑵　粉じん則第27条では，ずい道工事における呼吸用保護具の使用が義務付けられている作業が決められており，P-PAPRの使用が想定される場合もある。しかし，「雷管取扱作業」を含む坑内作業でのP-PAPRの使用は，漏電等による爆発の危険がある。このような場合は爆発を防止するために防じんマスクを使用する必要があるが，面体形のP-PAPRは電動ファンが停止しても防じんマスクと同等以上の防じん機能を有することから，「雷管取扱作業」を開始する前に安全な場所で電池を取り外すことで，使用しても差し支えないこと（平成26年11月28日付け基発1128第12号「電動ファン付き呼吸用保護具の規格の適用等について」）とされていること。

第3　防毒マスク及びG-PAPRの選択及び使用に当たっての留意事項

1　防毒マスク及びG-PAPRの選択及び使用

⑴　防毒マスクは，検定則第14条の規定に基づき，吸収缶（ハロゲンガス用，有機ガス用，一酸化炭素用，アンモニア用及び亜硫酸ガス用のものに限る。）及び面体ごとに付されている型式検定合格標章により，型式検定合格品であることを確認すること。この場合，吸収缶と面体に付される型式検定合格標章は，型式検定合格番号が同一となる組合せが適切な組合せであり，当該組合せで使用して初めて型式検定に合格した防毒マスクとして有効に機能するものであること。ただし，吸収缶については，単独で型式検定を受けることが認められているため，型式検定合格番号が異なっている場合があるため，製品に添付されている取扱説明書により，使用できる組合せであることを確認すること。

なお，ハロゲンガス，有機ガス，一酸化炭素，アンモニア及び亜硫酸ガス以外の有毒ガス等に対しては，当該有毒ガス等に対して有効な吸収缶を使用すること。なお，これらの吸収缶を使用する際は，日本産業規格T 8152「防毒マスク」に基づいた吸収缶を使用すること又は防毒マスクの製造者，販売業者又は輸入業者（以下「製造者等」という。）に問い合わせること等により，適切な吸収缶を選択する必要があること。

(2) G-PAPR は，令和 5 年厚生労働省令第 29 号による改正後の検定則第 14 条の規定に基づき，電動ファン，吸収缶（ハロゲンガス用，有機ガス用，アンモニア用及び亜硫酸ガス用のものに限る。）及び面体ごとに付されている型式検定合格標章により，型式検定合格品であることを確認すること。この場合，電動ファン，吸収缶及び面体に付される型式検定合格標章は，型式検定合格番号が同一となる組合せが適切な組合せであり，当該組合せで使用して初めて型式検定に合格した G-PAPR として有効に機能するものであること。

なお，ハロゲンガス，有機ガス，アンモニア及び亜硫酸ガス以外の有毒ガス等に対しては，当該有毒ガス等に対して有効な吸収缶を使用すること。なお，これらの吸収缶を使用する際は，日本産業規格 T 8154「有毒ガス用電動ファン付き呼吸用保護具」に基づいた吸収缶を使用する又は G-PAPR の製造者等に問い合わせるなどにより，適切な吸収缶を選択する必要があること。

(3) 有機則第 33 条，四アルキル鉛則第 2 条，特化則第 38 条の 13 第 1 項のほか労働安全衛生法令に定める呼吸用保護具のうち G-PAPR については，粉じん又は有毒ガス等の種類及び作業内容に応じ，改正規格第 2 条第 1 項表中の面体形又はルーズフィット形を使用すること。

(4) 防毒マスク及び G-PAPR を選択する際は，次の事項について留意の上，防毒マスクの性能が記載されている取扱説明書等を参考に，それぞれの作業に適した防毒マスク及び G-PAPR を選択すること。

ア　作業環境中の有害物質（防毒マスクの規格（平成 2 年労働省告示第 68 号）第 1 条の表下欄及び改正規格第 1 条の表下欄に掲げる有害物質をいう。）の種類，濃度及び粉じん等の有無に応じて，面体及び吸収缶の種類を選ぶこと。

イ　作業内容，作業強度等を考慮し，防毒マスクの重量，吸気抵抗，排気抵抗等が当該作業に適したものを選ぶこと。

ウ　防じんマスクの使用が義務付けられている業務であっても，近くで有毒ガス等の発生する作業等の影響によって，有毒ガス等が混在する場合には，改めて作業環境の評価を行い，有効な防じん機能を有する防毒マスク，防じん機能を有する G-PAPR 又は給気式呼吸用保護具を使用すること。

エ　吹付け塗装作業等のように，有機溶剤の蒸気と塗料の粒子等の粉じんとが混在している場合については，有効な防じん機能を有する防毒マスク，防じん機能を有する G-PAPR 又は給気式呼吸用保護具を使用すること。

オ　有毒ガス等に対して有効な防護性能を有するものの範囲で，作業内容について，呼吸用インタフェース（全面形面体，半面形面体，フード又はフェイスシールド）について適するものを選択すること。

(5) 防毒マスク及び G-PAPR の吸収缶等の選択に当たっては，次に掲げる事項に留意すること。

ア　要求防護係数より大きい指定防護係数を有する防毒マスクがない場合は，必要な指定防護係数を有する G-PAPR 又は給気式呼吸用保護具を選択すること。

また，対応する吸収缶の種類がない

場合は，第1の4(1)の要求防護係数より高い指定防護係数を有する給気式呼吸用保護具を選択すること。

イ　防毒マスクの規格第2条及び改正規格第2条で規定する使用の範囲内で選択すること。ただし，この濃度は，吸収缶の性能に基づくものであるので，防毒マスク及びG-PAPRとして有効に使用できる濃度は，これより低くなることがあること。

ウ　有毒ガス等と粉じん等が混在する場合は，第2に記載した防じんマスク及びP-PAPRの種類の選択と同様の手順で，有毒ガス等及び粉じん等に適した面体の種類及びろ過材の種類を選択すること。

エ　作業環境中の有毒ガス等の濃度に対して除毒能力に十分な余裕のあるものであること。なお，除毒能力の高低の判断方法としては，防毒マスク，G-PAPR，防毒マスクの吸収缶及びG-PAPRの吸収缶に添付されている破過曲線図から，一定のガス濃度に対する破過時間（吸収缶が除毒能力を喪失するまでの時間。以下同じ。）の長短を比較する方法があること。

例えば，次の図に示す吸収缶A及び吸収缶Bの破過曲線図では，ガス濃度0.04%の場合を比べると，破過時間は吸収缶Aが200分，吸収缶Bが300分となり，吸収缶Aに比べて吸収缶Bの除毒能力が高いことがわかること。

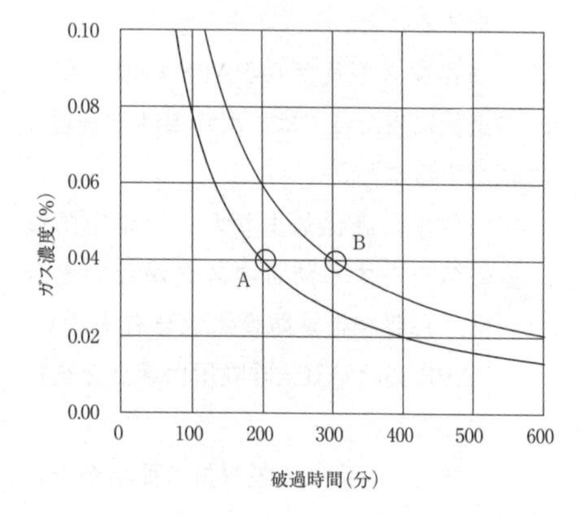

オ　有機ガス用防毒マスク及び有機ガス用G-PAPRの吸収缶は，有機ガスの種類により防毒マスクの規格第7条及び改正規格第7条に規定される除毒能力試験の試験用ガス（シクロヘキサン）と異なる破過時間を示すので，対象物質の破過時間について製造者に問い合わせること。

カ　メタノール，ジクロロメタン，二硫化炭素，アセトン等に対する破過時間は，防毒マスクの規格第7条及び改正規格第7条に規定される除毒能力試験の試験用ガスによる破過時間と比べて著しく短くなるので注意すること。この場合，使用時間の管理を徹底するか，対象物質に適した専用吸収缶について製造者に問い合わせること。

(6)　有毒ガス等が粉じん等と混在している作業環境中では，粉じん等を捕集する防じん機能を有する防毒マスク又は防じん機能を有するG-PAPRを選択すること。その際，次の事項について留意すること。

ア　防じん機能を有する防毒マスク及びG-PAPRの吸収缶は，作業環境中の粉じん等の種類，発散状況，作業時のばく露の危険性の程度等を考慮した上で，適切な区分のものを選ぶこと。なお，作業環境中に粉じん等に混じってオイルミスト等が存在する場合にあっては，試験粒子にフタル酸ジオクチルを用いた粒子捕集効率試験に合格した防じん機能を有する防毒マスク（L3，L2，L1）又は防じん機能を有するG-PAPR（PL3，PL2，PL1）を選ぶこと。また，粒子捕集効率が高いほど，粉じん等をよく捕集できること。

イ　吸収缶の破過時間に加え，捕集する作業環境中の粉じん等の種類，粒径，発散状況及び濃度が使用限度時間に影響するので，これらの要因を考慮して選択すること。なお，防じん機能を有する防毒マスク及び防じん機能を有するG-PAPRの吸収缶の取扱説明書には，吸気抵抗上昇値が記載されているが，これが高いものほど目詰まりが早く，より短時間で息苦しくなることから，使用限度時間は短くなること。

ウ　防じん機能を有する防毒マスク及び防じん機能を有するG-PAPRの吸収缶のろ過材は，一般に粉じん等を捕集するに従って吸気抵抗が高くなるが，防毒マスクのS3，S2又はS1のろ過材（G-PAPRの場合はPL3，PL2，PL1のろ過材）では，オイルミスト等が堆積した場合に吸気抵抗が変化せずに急激に粒子捕集効率が低下するものがあり，また，防毒マスクのL3，L2又はL1のろ過材（G-PAPRの場合はPL3，PL2，PL1のろ過材）では，多量のオイルミスト等の堆積により粒子捕集効率が低下するものがあるので，吸気抵抗の上昇のみを使用限度の判断基準にしないこと。

(7)　2種類以上の有毒ガス等が混在する作業環境中で防毒マスク又はG-PAPRを選択及び使用する場合には，次の事項について留意すること。

①　作業環境中に混在する2種類以上の有毒ガス等についてそれぞれ合格した吸収缶を選定すること。

②　この場合の吸収缶の破過時間は，当該吸収缶の製造者等に問い合わせること。

2　防毒マスク及びG-PAPRの吸収缶

(1)　防毒マスク又はG-PAPRの吸収缶の使用時間については，次の事項に留意すること。

ア　防毒マスク又はG-PAPRの使用時間について，当該防毒マスク又はG.PAPRの取扱説明書等及び破過曲線図，製造者等への照会結果等に基づいて，作業場所における空気中に存在する有毒ガス等の濃度並びに作業場所における温度及び湿度に対して余裕のある使用限度時間をあらかじめ設定し，その設定時間を限度に防毒マスク又はG-PAPRを使用すること。

使用する環境の温度又は湿度によっては，吸収缶の破過時間が短くなる場合があること。例えば，有機ガス用防毒マスクの吸収缶及び有機ガス用G-PAPRの吸収缶は，使用する環境の温度又は湿度が高いほど破過時間が短くなる傾向があり，沸点の低い物質ほど，その傾向が顕著であること。また，一酸化炭素用防毒マスクの吸収缶は，使用する環境の湿度が高いほど破過時間が短くなる傾向にあること。

イ　防毒マスク，G-PAPR，防毒マスクの吸収缶及びG-PAPRの吸収缶に添付されている使用時間記録カード等に，使用した時間を必ず記録し，使用限度時間を超えて使用しないこと。

ウ　着用者の感覚では，有毒ガス等の危険性を感知できないおそれがあるので，吸収缶の破過を知るために，有毒ガス等の臭いに頼るのは，適切ではないこと。

エ　防毒マスク又はG-PAPRの使用中に有毒ガス等の臭気等の異常を感知した場合は，速やかに作業を中止し避難するとともに，状況を保護具着用管理責任者等に報告すること。

オ　一度使用した吸収缶は，破過曲線図，使用時間記録カード等により，十分な除毒能力が残存していることを確認できるものについてのみ，再使用しても差し支えないこと。ただし，メタノール，二硫化炭素等破過時間が試験用ガスの破過時間よりも著しく短い有毒ガス等に対して使用した吸収缶は，吸収缶の吸収剤に吸着された有毒ガス等が時間とともに吸収剤から微量ずつ脱着して面体側に漏れ出してくることがあるため，再使用しないこと。

第４　呼吸用保護具の保守管理上の留意事項

１　呼吸用保護具の保守管理

(1)　事業者は，ろ過式呼吸用保護具の保守管理について，取扱説明書に従って適切に行わせるほか，交換用の部品（ろ過材，吸収缶，電池等）を常時備え付け，適時交換できるようにすること。

(2)　事業者は，呼吸用保護具を常に有効かつ清潔に使用するため，使用前に次の点検を行うこと。

ア　吸気弁，面体，排気弁，しめひも等に破損，亀裂又は著しい変形がないこと。

イ　吸気弁及び排気弁は，弁及び弁座の組合せによって機能するものであることから，これらに粉じん等が付着すると機能が低下することに留意すること。なお，排気弁に粉じん等が付着している場合には，相当の漏れ込みが考えられるので，弁及び弁座を清掃するか，弁を交換すること。

ウ　弁は，弁座に適切に固定されていること。また，排気弁については，密閉状態が保たれていること。

エ　ろ過材及び吸収缶が適切に取り付けられていること。

オ　ろ過材及び吸収缶に水が侵入したり，破損（穴あき等）又は変形がないこと。

カ　ろ過材及び吸収缶から異臭が出ていないこと。

キ　ろ過材が分離できる吸収缶にあっては，ろ過材が適切に取り付けられていること。

ク　未使用の吸収缶にあっては，製造者が指定する保存期限を超えていないこと。また，包装が破損せず気密性が保たれていること。

(3)　ろ過式呼吸用保護具を常に有効かつ清潔に保持するため，使用後は粉じん等及び湿気の少ない場所で，次の点検を行うこと。

ア　ろ過式呼吸用保護具の破損，亀裂，変形等の状況を点検し，必要に応じ交換すること。

イ　ろ過式呼吸用保護具及びその部品（吸気弁，面体，排気弁，しめひも等）の表面に付着した粉じん，汗，汚れ等を乾燥した布片又は軽く水で湿らせた布片で取り除くこと。なお，著しい汚れがある場合の洗浄方法，電気部品を含む箇所の洗浄の可否等については，製造者の取扱説明書に従うこと。

ウ　ろ過材の使用に当たっては，次に掲げる事項に留意すること。

①　ろ過材に付着した粉じん等を取り除くために，圧搾空気等を吹きかけたり，ろ過材をたたいたりする行為は，ろ過材を破損させるほか，粉じん等を再飛散させることとなるので行わないこと。

②　取扱説明書等に，ろ過材を再使用すること（水洗いして再使用することを含む。）ができる旨が記載されている場合は，再使用する前に粒子捕集効率及び吸気抵抗が当該製品の規格値を満たしていることを，測定装置を用いて確認すること。

(4)　吸収缶に充填されている活性炭等は吸湿又は乾燥により能力が低下するものが多いため，使用直前まで開封しないこと。また，使用後は上栓及び下栓を閉めて保管すること。栓がないものにあっては，密封できる容器又は袋に入れて保管すること。

(5) 電動ファン付き呼吸用保護具の保守点検に当たっては，次に掲げる事項に留意すること。

ア 使用前に電動ファンの送風量を確認することが指定されている電動ファン付き呼吸用保護具は，製造者が指定する方法によって使用前に送風量を確認すること。

イ 電池の保守管理について，充電式の電池は，電圧警報装置が警報を発する等，製造者が指定する状態になったら，再充電すること。なお，充電式の電池は，繰り返し使用していると使用時間が短くなることを踏まえて，電池の管理を行うこと。

(6) 点検時に次のいずれかに該当する場合には，ろ過式呼吸用保護具の部品を交換し，又はろ過式呼吸用保護具を廃棄すること。

ア ろ過材については，破損した場合，穴が開いた場合，著しい変形を生じた場合又はあらかじめ設定した使用限度時間に達した場合。

イ 吸収缶については，破損した場合，著しい変形が生じた場合又はあらかじめ設定した使用限度時間に達した場合。

ウ 呼吸用インタフェース，吸気弁，排気弁等については，破損，亀裂若しくは著しい変形を生じた場合又は粘着性が認められた場合。

エ しめひもについては，破損した場合又は弾性が失われ，伸縮不良の状態が認められた場合。

オ 電動ファン（又は吸気補助具）本体及びその部品（連結管等）については，破損，亀裂又は著しい変形を生じた場合。

カ 充電式の電池については，損傷を負った場合若しくは充電後においても極端に使用時間が短くなった場合又は充電ができなくなった場合。

(7) 点検後，直射日光の当たらない，湿気の少ない清潔な場所に専用の保管場所を設け，管理状況が容易に確認できるように保管すること。保管の際，呼吸用インタフェース，連結管，しめひも等は，積み重ね，折り曲げ等によって，亀裂，変形等の異常を生じないようにすること。

(8) 使用済みのろ過材，吸収缶及び使い捨て式防じんマスクは，付着した粉じんや有毒ガス等が再飛散しないように容器又は袋に詰めた状態で廃棄すること。

第５　製造者等が留意する事項

ろ過式呼吸用保護具の製造者等は，次の事項を実施するよう努めること。

① ろ過式呼吸用保護具の販売に際し，事業者等に対し，当該呼吸用保護具の選択，使用等に関する情報の提供及びその具体的な指導をすること。

② ろ過式呼吸用保護具の選択，使用等について，不適切な状態を把握した場合には，これを是正するように，事業者等に対し指導すること。

③ ろ過式呼吸用保護具で各々の規格に適合していないものが認められた場合には，使用する労働者の健康障害防止の観点から，原因究明や再発防止対策と並行して，自主回収やホームページ掲載による周知など必要な対応を行うこと。

別紙１　要求防護係数の求め方

要求防護係数の求め方は，次による。

測定の結果得られた化学物質の濃度がCで，化学物質の濃度基準値（有害物質のばく露限界濃度を含む）がC_0であるときの要求防護係数（PFr）は，式(1)によって算出される。

$$PFr=\frac{C}{C_0} \cdots\cdots\cdots\cdots(1)$$

複数の有害物質が存在する場合で，これらの物質による人体への影響（例えば，ある器官に与える毒性が同じか否か）が不明な場合は，労働衛生に関する専門家に相談すること。

別紙２　フィットファクタの求め方

フィットファクタは，次の式により計算するものとする。

呼吸用保護具の外側の測定対象物の濃度が C_{out} で，呼吸用保護具の内側の測定対象物の濃度が C_{in} であるときのフィットファクタ（FF）は式(2)によって算出される。

$$FF=\frac{C_{out}}{C_{in}} \cdots\cdots\cdots\cdots(2)$$

別表１　ろ過式呼吸用保護具の指定防護係数

当該呼吸用保護具の種類					指定防護係数
防じんマスク	取替え式	全面形面体	RS3 又は RL3		50
			RS2 又は RL2		14
			RS1 又は RL1		4
		半面形面体	RS3 又は RL3		10
			RS2 又は RL2		10
			RS1 又は RL1		4
	使い捨て式		DS3 又は DL3		10
			DS2 又は DL2		10
			DS1 又は DL1		4
防毒マスク[a]	全面形面体				50
	半面形面体				10
防じん機能を有する電動ファン付き呼吸用保護具（P-PAPR）	面体形	全面形面体	S 級	PS3 又は PL3	1,000
			A 級	PS2 又は PL2	90
			A 級又は B 級	PS1 又は PL1	19
		半面形面体	S 級	PS3 又は PL3	50
			A 級	PS2 又は PL2	33
			A 級又は B 級	PS1 又は PL1	14
	ルーズフィット形	フード 又はフェイスシールド	S 級	PS3 又は PL3	25
			A 級	PS3 又は PL3	20
			S 級又は A 級	PS2 又は PL2	20
			S 級，A 級又は B 級	PS1 又は PL1	11
防毒機能を有する電動ファン付き呼吸用保護具（G-PAPR）[b]	防じん機能を有しないもの	面体形	全面形面体		1,000
			半面形面体		50
		ルーズフィット形	フード 又はフェイスシールド		25
	防じん機能を有するもの	面体形	全面形面体	PS3 又は PL3	1,000
				PS2 又は PL2	90
				PS1 又は PL1	19
			半面形面体	PS3 又は PL3	50
				PS2 又は PL2	33
				PS1 又は PL1	14

		ルーズフィット形	フード 又はフェイスシールド	PS3 又は PL3	25
				PS2 又は PL2	20
				PS1 又は PL1	11

注 a) 防じん機能を有する防毒マスクの粉じん等に対する指定防護係数は，防じんマスクの指定防護係数を適用する。
有毒ガス等と粉じん等が混在する環境に対しては，それぞれにおいて有効とされるものについて，面体の種類が共通のものが選択の対象となる。

注 b) 防毒機能を有する電動ファン付き呼吸用保護具の指定防護係数の適用は，次による。なお，有毒ガス等と粉じん等が混在する環境に対しては，①と②のそれぞれにおいて有効とされるものについて，呼吸用インタフェースの種類が共通のものが選択の対象となる。
① 有毒ガス等に対する場合：防じん機能を有しないものの欄に記載されている数値を適用。
② 粉じん等に対する場合：防じん機能を有するものの欄に記載されている数値を適用。

別表２　その他の呼吸用保護具の指定防護係数

呼吸用保護具の種類			指定防護係数
循環式呼吸器	全面形面体	圧縮酸素形かつ陽圧形	10,000
		圧縮酸素形かつ陰圧形	50
		酸素発生形	50
	半面形面体	圧縮酸素形かつ陽圧形	50
		圧縮酸素形かつ陰圧形	10
		酸素発生形	10
空気呼吸器	全面形面体	プレッシャデマンド形	10,000
		デマンド形	50
	半面形面体	プレッシャデマンド形	50
		デマンド形	10
エアラインマスク	全面形面体	プレッシャデマンド形	1,000
		デマンド形	50
		一定流量形	1,000
	半面形面体	プレッシャデマンド形	50
		デマンド形	10
		一定流量形	50
	フード又はフェイスシールド	一定流量形	25
ホースマスク	全面形面体	電動送風機形	1,000
		手動送風機形又は肺力吸引形	50

	半面形面体	電動送風機形	50
		手動送風機形又は肺力吸引形	10
	フード又はフェイスシールド	電動送風機形	25

別表３　高い指定防護係数で運用できる呼吸用保護具の種類の指定防護係数

呼吸用保護具の種類				指定防護係数
防じん機能を有する電動ファン付き呼吸用保護具	半面形面体		S 級かつ PS3 又は PL3	300
	フード		S 級かつ PS3 又は PL3	1,000
	フェイスシールド		S 級かつ PS3 又は PL3	300
防毒機能を有する電動ファン付き呼吸用保護具 [a]	防じん機能を有しないもの	半面形面体		300
		フード		1,000
		フェイスシールド		300
	防じん機能を有するもの	半面形面体	PS3 又は PL3	300
		フード	PS3 又は PL3	1,000
		フェイスシールド	PS3 又は PL3	300
フードを有するエアラインマスク			一定流量形	1,000

注記　この表の指定防護係数は，JIS T 8150 の附属書 JC に従って該当する呼吸用保護具の防護係数を求め，この表に記載されている指定防護係数を上回ることを該当する呼吸用保護具の製造者が明らかにする書面が製品に添付されている場合に使用できる。

注 [a]　防毒機能を有する電動ファン付き呼吸用保護具の指定防護係数の適用は，次による。なお，有毒ガス等と粉じん等が混在する環境に対しては，①と②のそれぞれにおいて有効とされるものについて，呼吸用インタフェースの種類が共通のものが選択の対象となる。

①　有毒ガス等に対する場合：防じん機能を有しないものの欄に記載されている数値を適用。

②　粉じん等に対する場合：防じん機能を有するものの欄に記載されている数値を適用。

別表４　要求フィットファクタ及び使用できるフィットテストの種類

面体の種類	要求フィットファクタ	フィットテストの種類	
		定性的フィットテスト	定量的フィットテスト
全面形面体	500	—	○
半面形面体	100	○	○

注記　半面形面体を用いて定性的フィットテストを行った結果が合格の場合，フィットファクタは 100 以上とみなす。

別表５　粉じん等の種類及び作業内容に応じて選択可能な防じんマスク及び防じん機能を有する電動ファン付き呼吸用保護具

<table>
<tr><th rowspan="2">粉じん等の種類及び作業内容</th><th rowspan="2">オイルミストの有無</th><th colspan="3">防じんマスク</th><th colspan="4">防じん機能を有する電動ファン付き呼吸用保護具</th></tr>
<tr><th>種類</th><th>呼吸用インタフェースの種類</th><th>ろ過材の種類</th><th>種類</th><th>呼吸用インタフェースの種類</th><th>漏れ率の区分</th><th>ろ過材の種類</th></tr>
<tr><td colspan="9">（略）</td></tr>
<tr><td rowspan="8">○ 鉛則第58条，特化則第38条の21，特化則第43条及び粉じん則第27条
金属のヒューム（溶接ヒュームを含む。）を発散する場所における作業において使用する防じんマスク及び防じん機能を有する電動ファン付き呼吸用保護具（※１）</td><td rowspan="4">混在しない</td><td rowspan="2">取替え式</td><td>全面形面体</td><td>RS3，RL3，RS2，RL2</td><td colspan="4" rowspan="4"></td></tr>
<tr><td>半面形面体</td><td>RS3，RL3，RS2，RL2</td></tr>
<tr><td colspan="2">使い捨て式</td><td>DS3，DL3，DS2，DL2</td></tr>
<tr><td colspan="3"></td></tr>
<tr><td rowspan="4">混在する</td><td rowspan="2">取替え式</td><td>全面形面体</td><td>RL3，RL2</td><td colspan="4" rowspan="4"></td></tr>
<tr><td>半面形面体</td><td>RL3，RL2</td></tr>
<tr><td colspan="2">使い捨て式</td><td>DL3，DL2</td></tr>
<tr><td colspan="3"></td></tr>
<tr><td rowspan="8">○ 鉛則第58条及び特化則第43条
管理濃度が0.1 mg/m^{3}以下の物質の粉じんを発散する場所における作業において使用する防じんマスク及び防じん機能を有する電動ファン付き呼吸用保護具（※1）</td><td rowspan="4">混在しない</td><td rowspan="2">取替え式</td><td>全面形面体</td><td>RS3，RL3，RS2，RL2</td><td colspan="4" rowspan="4"></td></tr>
<tr><td>半面形面体</td><td>RS3，RL3，RS2，RL2</td></tr>
<tr><td colspan="2">使い捨て式</td><td>DS3，DL3，DS2，DL2</td></tr>
<tr><td colspan="3"></td></tr>
<tr><td rowspan="4">混在する</td><td rowspan="2">取替え式</td><td>全面形面体</td><td>RL3，RL2</td><td colspan="4" rowspan="4"></td></tr>
<tr><td>半面形面体</td><td>RL3，RL2</td></tr>
<tr><td colspan="2">使い捨て式</td><td>DL3，DL2</td></tr>
<tr><td colspan="3"></td></tr>
<tr><td colspan="9">（略）</td></tr>
</table>

※１：防じん機能を有する電動ファン付き呼吸用保護具のろ過材は，粒子捕集効率が95パーセント以上であればよい。
※２（略）　※３（略）

特定化学物質作業主任者の実務

―能力向上教育用テキスト―

平成８年２月５日　第１版第１刷発行
平成20年５月30日　第２版第１刷発行
平成27年６月８日　第３版第１刷発行
平成29年12月18日　第４版第１刷発行
令和３年７月16日　第５版第１刷発行
令和６年10月28日　第６版第２刷発行

編　　者　中央労働災害防止協会

発 行 者　平　　山　　　　剛

発 行 所　中央労働災害防止協会
〒108-0023
東京都港区芝浦３丁目17番12号
吾妻ビル９階
電話　販売03（3452）6401
編集03（3452）6209

印刷・製本　サンパートナーズ株式会社
イラスト　ミヤチ　ヒデタカ

落丁・乱丁本はお取り替えいたします。

©JISHA2024

ISBN978-4-8059-2171-5　C3060
中災防ホームページ　https://www.jisha.or.jp/

本書の内容は著作権法によって保護されています。
本書の全部または一部を複写（コピー）、複製、転載すること（電子媒体への加工を含む）を禁じます。